秩序性群体行为的计算机模拟——以鱼群为例

郑美红 著

科学出版社

北京

内 容 简 介

大规模群体行为可以如千军万马，整齐有序，也可以随时变换队形，宛如一个生命体，这就是秩序性群体行为。秩序性群体行为的生成机制是什么？进行秩序性群体行为可以带来怎样的好处？本书以鱼群为例，采用对鱼的个体行为进行动力学建模并进行计算机模拟的方法，尝试回答上述两个问题。无捕食鱼时，当对鱼的个体以适当比例进行模仿及碰撞回避行为时，可生成最优秩序性群体行为；遭遇捕食时，以适当比例进行模仿、碰撞回避以及逃生行为的个体能够生成最优群体逃生行为。最重要的是，遭遇捕食鱼时进行秩序性群体行为，除了可发挥稀释效果和混乱效果，并行游动效果可使群体最大限度地保护到每一个个体。

本书面向对复杂系统、社会学及社会心理学中的群体行为感兴趣，以及对计算机模拟感兴趣的读者。

图书在版编目(CIP)数据

秩序性群体行为的计算机模拟：以鱼群为例/郑美红著. —北京：科学出版社，2018.10

ISBN 978-7-03-058990-3

Ⅰ.①秩… Ⅱ.①郑… Ⅲ.①计算机模拟–研究 Ⅳ.①TP302.1

中国版本图书馆 CIP 数据核字(2018) 第 225500 号

责任编辑：赵敬伟 张晓云／责任校对：王晓茜
责任印制：张 伟／封面设计：耕者工作室

科 学 出 版 社 出版
北京东黄城根北街 16 号
邮政编码：100717
http://www.sciencep.com

北京虎彩文化传播有限公司 印刷
科学出版社发行 各地新华书店经销
*
2018 年 10 月第 一 版 开本：720 × 1000 B5
2019 年 6 月第二次印刷 印张：12
字数：176 000
定价：78.00 元
(如有印装质量问题，我社负责调换)

前　　言

攻读硕士学位期间，我采用计算机模拟，进行了鱼与食饵的双生态系统研究。硕士毕业之后，在高校任教两年，之后赴日本留学攻读博士学位。机缘巧合，进行的又是关于鱼的研究，只不过这一次研究的是鱼的秩序性群体行为。从鱼的个体行为建模，到通过计算机模拟看到最初杂乱无章分布着的鱼宛如真实的鱼群游动在面前，那感觉真的很奇妙。实际上，无论是什么个体，神经元也好，鱼也罢，甚至是人，只要个体行为明确，并且其行为受其他个体的影响，哪怕仅仅是来自于其周围个体的影响，也就有了群体行为。众多的群体行为当中，我们对一类群体行为情有独钟。该类群体中的个体在某些维度，比如运动方向上表现出一定的一致性，我们称这样的群体行为为秩序性群体行为。那么，多个个体如何生成秩序性群体行为，个体为什么要与其他个体在某些维度上保持一致而进行秩序性群体行为？

以鱼群为例，围绕两个问题，即秩序性群体行为的生成机制和进行秩序性群体行为的原因，我们首先进行个体行为建模，之后根据所要研究的问题进行相应的实验设计，并在所设计的条件下进行计算机模拟实验，本书对此进行了详细而系统的介绍。全书共分三个部分，内容涉及秩序性群体行为的生成、秩序性群体行为的动态稳定性、最优群体逃生行为的条件，以及群体中存在异质个体时对群体逃生行为的影响等。希望能向读者介绍个体行为建模，以及通过计算机模拟研究群体行为的方法。

第一部分聚焦于群体行为及其中的未解之谜——秩序性群体

行为。从动物到人，由多个个体通过个体之间的相互作用形成群体。有些群体并不仅限于多个个体简单地聚集在一起，而是个体行为之间相互关联，并表现出在某个或某些维度上一定程度的一致性。本部分共包含四章，第 1 章涵盖动物群体及秩序性群体行为，重点介绍动物群居的主要原因，以及秩序性群体行为的鸟群和鱼群的特征。第 2 章说明为什么及如何研究鱼的秩序性群体行为。第 3 章介绍鱼群的经典研究。第 4 章介绍鱼的个体行为模型构建的基础。

第二部分围绕鱼的秩序性群体行为的生成及维持机制，共有四章内容。第 5 章介绍生成秩序性群体行为的个体行为决策模型，包括个体之间的相互作用区域以及鱼的运动方向、位置以及速度的决定方式。第 6 章导入鱼的秩序性群体行为的评价变量。第 7 章的主要内容是根据鱼的个体行为决策模型所进行的计算机模拟，目的在于验证模型在生成鱼的秩序性群体行为上的有效性。第 8 章的核心内容是鱼的秩序性群体行为的抗扰动能力，也称动态稳定性，考察鱼群受到分裂和发散两种形式的扰动后的恢复能力。

第三部分从面对捕食鱼的攻击时鱼的逃生效率出发，探讨鱼进行秩序性群体行为的原因，共包含四章。第 9 章介绍存在捕食鱼时鱼的个体行为决策模型，模型中鱼的个体除了进行模仿行为和碰撞回避行为，还将适时地进行逃生行为。为了使计算机模拟更接近真实情况，模型中增加了对鱼游动过程中产生的能量消耗。第 10 章的核心内容是对存在捕食鱼时鱼的群体行为的计算机模拟，如鱼的个体所进行的基本行为比例适当，可生成最优群体逃生行为。第 11 章聚焦于为什么进行秩序性群体行为的群体可以生成最优群体逃生行为。通过调整参数创建杂聚群，比较进行秩序性群体行为的有序群和杂聚群的群体逃生行为，得到了进行秩序性群体行为的有序群可以产生最优群体逃生行为的原因。第 12 章考察有序群的均质性对群体逃生行为的影响，增加鱼群中异质鱼的比例，考察其引起群体逃生行为的变化。

　　本书尝试以鱼群为例，系统介绍个体行为建模及以计算机模拟手段研究秩序性群体行为的方法。鉴于作者水平有限，从研究内容到成书，缺点和不足在所难免，恳请各位专家、学者和读者批评指正。

郑美红

2018 年 9 月 19 日

目　　录

第二部分　　如何生成并维持秩序性群体行为

第一部分

群体行为及其中的未解之谜——秩序性群体行为

　　从微观到细菌，从宏观到动物和人，群体可由多个个体之间的相互作用而形成。这些群体不仅仅是多个个体的集合，在满足一定的条件下还呈现出在某个或某些维度上规律性极强的秩序性群体行为。这些秩序性群体行为究竟是怎么产生的，为什么要产生这样的秩序性群体行为？我们对鱼的秩序性群体行为情有独，不得不说是与它们——一条条看上去毫无差别的鱼的个体，在深蓝的海水中形成并保持着令人叹为观止的各种极强的秩序性,行为模式有关。那是生物之美、自然之美，我们很想知道这美的缔造者是谁，是什么，以及与这个问题同等重要的——为什么。在毫无危险的情况下，我们可以认为这仅仅是生物与自然界之间所形成的和谐之美，但在面临被捕食的危险时，依然会有各种秩序性群体行为模式出现，甚至秩序性要高于没有任何危险的一般情况，我们不得不认为这样的秩序性群体行为当中蕴藏着巨大的能量，这应该不是鱼为了展示个体的能力而冒死彼此相随去演绎秩序性的群体之美。

第1章 动物群体及秩序性群体行为

自然界中的动物种类繁多,据估计,到目前为止发现的动物当中,有六千多种爬行动物,九千多种鸟类,两万多种鱼类,一千多种两栖类,一万五千多种哺乳动物,还有百万种昆虫。而这当中无论是昆虫还是鸟类,无论是鱼类还是哺乳动物,都有一部分动物生活在同类的群体当中,有的在群体中倾其一生,有的在它们需要的时候与同类相随而居。在这些群居的动物当中,有些动物在迁徙时表现出极强的秩序性群体行为,如大象、牛羚和鸟;而有些群居动物,即便是在通常情况下,也会有令人一瞥难忘的秩序性群体行为,如某些种类的鱼。

1.1 动物的生活方式

群居是指同类动物个体聚集成群时,在相当长的时间内与其他个体产生频繁的相互作用的生活方式。群居动物的个体之间往往具有一些共同的生物特征和生活习性。独居则是指动物在其生命历程中的大部分时间,除了生育、繁殖期间,不与不同类别甚至是同类的其他个体生活在一起的生活方式。

陆地上很多野生动物属于群居动物,小到蚂蚁,大到大象。当然不止这两种,狼、豺、犀牛、角马、羚羊等也是陆地上不可忽略的群居动物。至于海洋当中,除了热带鱼、黄鱼、金枪鱼、梭鱼等真正的"鱼"一直依群而居,还有很多哺乳动物,如鲸鱼、海豚、海狮和海象等也在水下过着与同类相随相伴的生活。而常飞在天上的动物当中，蜜蜂和很多鸟类也以群居为主要生活方式。陆地、水下、空中，不分生存环境，有很多种动物与它们的同类相伴相随，而这当中，尤其以鸟和鱼更被人类所关注，这其中最主要的原因，毫无疑问，是它们向人类所展示出的奇迹——秩序性群体行为。

根据所处的生存环境，鱼可以被分为淡水鱼和咸水鱼，这也是生活当中最容易想到的分类。还有其他的分类依据，如是否与同类相聚而居，根据这一分类，可以将鱼分为群居和独居两类。如果进一步细分，群居的鱼群还包括杂聚群 (shoaling) 与有序群 (schooling)，而独居的鱼群则可以分为单独游动和单独定住。抛开其他的分类，单就其生存方式而言，独居与群居各有利弊，甚至有序群与杂聚群也各有所长。自然界中既有像斑鲅鱼那样一生只按照一种特定方式生存的鱼，也有根据不同状况而分别采取四种生存方式的鱼 [1]。

杂聚群是指一条一条的鱼按照各自不同的方向游动，但所有的成员都能够松散地保持在一个群体中。英文中称为 schooling，我之所以将其译为杂聚群，是希望以"杂"表示鱼在运动方向上的杂乱无序，以"聚"表示鱼在一定空间范围内的聚集。一条条鱼聚集在一起，它们自顾自地游动着，没有统一的、规律的运动方向，但它们在空间上不会相隔太远，保持着一定的空间致密性，它们的的确确存在于一个群中。这样的鱼群甚至可能会偶尔出现鱼与鱼之间的距离几乎相等的情况，但它们游动的方向各不相同，因此也不会出现整个鱼群像一个彼此关联的整体一样共同移动的情况。与杂聚群不同，有序群中的鱼与鱼之间保持一定的距离，每条鱼几乎与其近邻的鱼保持相同的运动方向，并且游动速度也基本相同 [1]。英文中称这样的鱼群为 schooling，我将其译为有序群。远远地看上去，这样的鱼群就像一个生物体在海洋中移动，更加准确地讲，是行为，因为它们会展现出很多让我们惊叹不已的行为模式。

1.2 动物为什么群居

群居与独居各有利弊，这两种生活方式的选择对动物来说恐怕与它们所处的环境以及它们的需求密切相关。既然如此，为了回答动物为什么群居，就需要分析群居可能带给动物怎样的好处。动物们选择群居，可以依靠同类之间的协作，解决对它们而言关乎生死存亡的三件大事——防止被捕食、觅食、捕食，以提高自身的生存率。除此之外，还有一些涉及种系繁荣的大事，如增加繁殖率，并共同进行亲代抚育行为。

处于优胜劣汰的自然环境当中，动物所面临的最大问题就是如何得以生存。无论是食草动物还是食肉动物，都有可能被食肉动物所窥觎而成为其口中之食。不可否认，除了突发性自然灾害，随时随地可能发生的被捕食是对动物个体生存的最大威胁。怎样尽可能地降低被捕食的风险，这是动物的必修课程。经过漫长的进化以及个体学习，动物从躲在安全地带防止被捕食者发现，到被追捕时的逃跑策略，再到一旦无法逃离，如何与捕食者展开殊死搏斗，都有自己的一些独门绝技和最优策略，以最大可能降低自己被捕食的风险。除了这些策略，有些动物个体还用到了另一个绝妙的策略——成为群体的一员，借助群体的力量使其自身得到保护。对于能力较弱的个体，还有什么方法能比这个方法更巧妙而有效呢？协作，哪怕是基于自私的协作，也会给群体当中的每一个个体和整个群体带来好处，因而也给整个种系带来好处。

首先，动物聚集在一起，可以轮流值岗，以监视是否有来犯之敌，这显然提高了群体对来犯者的防范能力。当群体中的某个个体发现异常情况，即可能有捕食者来袭时，可以立即以特定的方式发出警报，以告知其他个体采取应对措施。不同的动物发出警报的方式不同，最主要的方式是叫声，甚至有些动物可以通过不同的叫声表示捕食者的不同。例如，南非的一种猴子，当有豹子来袭时，猴子会大声嚎叫；而当有蛇要攻击时，则发出噼啪的声音。同伴接收到不同的声音，也会采取不同的应对策略。一旦面临无法回避的捕食者进攻，群体又能以怎样的方式提高个体的生存率呢？稀释效果和混乱效果都是指在很多个体可能成为捕食者的攻击对象时，捕食者在攻击对象的选择以及持续攻击某个个体时，受到来自被捕食动物群体中其他个体的干扰。空中的鸟和海洋中的鱼，之所以集结成群，这是其中的一个主要原因。动物的轮流值岗，可以为其他动物的休息、进食提供方便，这显然可以增加群体中个体的能量及体力的恢复能力。

除了尽可能地避免被捕食，动物个体还需要保证一定的营养供给，使自己免遭饥饿威胁，得以继续生存。不同的动物有不同的觅食手段，而与群体中的其他成员协作，共同觅食，不失为智慧的选择。比较典型的以群体捕食的动物是狼。它们在发现猎物之后，很少单独攻击，而是会采用群体策略，或是包围，或是顺次追击，使猎物耗尽体力，并最终成为自己的腹中之物。关于这一点，电影《狼图腾》中有过精彩的再现，对马群的攻击，对黄羚羊的攻击，无处不展现了狼的智慧，确切而言，是狼群的智慧。尽管有人评论该影片过分夸大了狼在蒙古族人心中的地位，但在狼群的觅食和狩猎这两方面，大体是与观察研究相符的。

动物群居的另一个原因被认为是对动物幼崽的照顾，也被称为亲代抚育行为。除了上述这三个原因，群居还会给关乎整个种系生死存亡的大事 —— 繁殖带来好处，可大大增加动物择偶、交配及繁殖的可能性。当然，所有这些原因并非不可兼有，很多动物通过群居而在觅食、捕食、对捕食者的防卫，以及择偶、交配及繁殖等各方面均能获益。

对于空中和海洋中的动物，除了上述各种好处，还有一个原因，就是飞行或游动过程中，因可随行于同类而节省能量，有学者专门对此进行过研究。

如此而言,群居好处颇多,独居的动物应该少之又少,甚至可以说独居是一种意外,然而事实并非如此。如果动物能够拥有自己的领地,那么在其领地之内比较容易获得生存资源,或是有足够的能力获得食物资源,一旦存在其他同类个体则可能与之发生竞争,如争夺配偶、争夺食物,这样的环境会使它们更愿意独居。陆地上的独居动物,大家应该都很熟悉,老虎、豹子和熊等,在海洋里海龟就是一种独居动物。事实上,有些动物还会在特殊时期或有特殊需求时进行群居和独居的选择。

群居的的确确带来了很多好处,无论是对动物个体还是对群体,甚至整个物种,但与此同时,也带来一些不利。比如,由多个甚至大量个体组成的群体,一定会面临食物资源的竞争和择偶竞争。在自身的能力与需求之间寻找平衡,做出取舍,也是动物必须选择的策略。

1.3 动物的秩序性群体行为

因为各种原因,有些动物选择生活在群体当中,有些动物选择独居,也有些动物在一生当中的不同时期分别选择群居和独居。生活在群体当中的个体,既有其独立的个体行为,又受到来自于其他个体的影响,而正是这些生成了群体行为。在动物的群体行为当中,有一些极为奇妙的行为模式,比如,飞翔的鸟群生成的宛如一个时刻会改变形态的生物个体,游动的鱼形成的浩荡大军。这些群体行为的共同特点是群体当中大部分个体的行为相互关联,并在空间和时间上展示出一定的规律性,我们将这样的群体行为称为秩序性群体行为。

1.3.1 动物秩序性群体行为的特点

群居给动物个体带来很多好处,但也带来一些不利。比如,群居的动物对食物资源有更高的要求，需要有更多、更丰富的食物资源以满足群内所有动物的食物供给。这样一来，一旦出现食物短缺而无法满足所有群成员的食物供给的情况，动物群体就必须去探索新的领地，以满足所有群体成员的进食需求，这样就形成了群的迁徙。

当然除了食物资源问题，气温、季节变换、繁殖以及生活习性的变化也是造成动物群体迁徙的重要原因。比如，非洲牛羚，它们会因季节变换而去寻找新的牧场；而大西洋鲑鱼，当它们成长到几英寸时，就相随相伴，离开出生时的河流，这是因为它们的生活习性发生了变化；候鸟 —— 北极燕鸥每年都要做长途迁徙，它们一生当中的飞行距离相当于绕地球 60 圈。

群居动物迁徙的景象有时极其壮观，以至于用"浩浩荡荡"也无法描述。非常著名的坦桑尼亚塞伦盖蒂大迁徙，约一百七十万头牛羚和其他成千上万的动物每年都要进行长距离的跋涉。鸟要迁徙，陆地上的大象、犀牛、羚羊要迁徙，而水里的鱼也要迁徙。鱼通常要寻找合适的水域产卵，这也是鱼洄游的主要原因。

我既不大关注动物迁徙的原因，也不大关注动物迁徙的时间规律，但它们迁徙过程中的秩序性群体行为于我而言，却是魅力无限。前言中我对秩序性群体行为给出了简单定义 —— 指个体间在相互位置、运动速度以及运动方向上具有一定规律性的群体行为。在群居动物迁徙的过程中，自然涉及个体之间在行进速度和行进方向上的大体一致，以及在一定范围内保持个体间的距离一致，迁徙自然也就成就了产生典型的秩序性群体行为生成的良好环境。秩序性群体行为是我们首次引入的概念，从动物奇特的、美妙的群体行为获得灵感，我们希望能够发现各种群体的秩序性群体行为。

陆地动物的迁徙，只要不是特殊情况，依靠视觉信息即可保持与相邻个体间的距离。不仅如此，陆地动物的迁徙中，一般会有头领，因此可以比较容易保持基本一致的速度，呈现一定规律的移动方向,使群体保持一定的秩序性。而与相邻个体之间保持一定距离、在运动方向上具有一定的规律性,对空中飞行的鸟和水中游动的鱼来说,看上去则具有一定的挑战,这不仅因为陆地动物在不需要奔跑的情况下,其行进速度与鸟的飞行速度和鱼的游动速度相比要慢很多,更重要的是,这些群体中并没有一个明显处于领导者地位的个体,群体行为完全依赖于个体行为以及个体之间的相互作用。

当然,不仅可以在迁徙中观察到动物的秩序性群体行为,还有很多动物即便在日常也会进行秩序性群体行为,如蚂蚁、蜜蜂、鸟、鱼等。单从秩序性群体行为的生成机制而言,这一问题就有着非常重要的科学意义,如果还能挖掘出可被人类所借鉴的秩序性群体行为的本质,那么秩序性群体行为的研究意义就更加不可忽视了。

为了让读者了解秩序性群体行为现象,以下分别以空中的鸟、海洋中的鱼为例,来介绍它们的秩序性群体行为的特点。

1.3.2 鸟的秩序性群体行为

每到秋去冬来,气温渐寒,对对排成行的大雁北去南飞。世界上有上万种鸟,其中有一千八百种鸟要进行长距离迁徙。除了大雁,还有很多种鸟会集结成群,呈现着各种令人惊叹的飞行模式。关于鸟类的群体飞行行为,1984 年的《自然》杂志上,动物学家 Potts[2]发表了一篇论文,该论文中他提出鸟群中并不存在固定的引领鸟群飞行的头鸟。

鸟为什么要成群飞翔?即使是飞翔在空中,鸟也面临被捕食的危险,为了降低被捕食的可能性,鸟成群结队,每多一只鸟就多了一双眼睛来观察周围,如果有捕食者出现,可通过鸣叫提醒其他的群成员。除此之外,鸟也凭借鸟群中大量个体所带来的稀释效应来降低自己被捕食的风险。当然,也有研究认为鸟排成一定的形状飞行可以降低迁徙时飞行的阻力。比如,关于鸟群在空中以 V 字形飞行的原因,学者们进行了长时间的争论。有研究认为对于长有较大翅膀的鸟，它们形成 V 字形，同时扇动翅膀，可以节省飞行能量。有研究发现当鸟群以 V 字形飞行时，可节约 20% ~ 30% 的能量。2014 年刊载于《自然》杂志上的一个研究[3]认为朱鹮利用前面邻鸟飞行时所形成的气流飞行。

那么鸟的各种飞行模式是依靠怎样的机制来实现的？William和他的合作者们 [4] 发现，不存在长程相互作用，鸟仍然可以形成大规模的群，并且可以形成宛如一个生物体般的整体飞行模式。该研究标记了实际鸟群中鸟的位置，并与通过模型得到的鸟的个体位置进行了比较。他们取得了 21 个欧掠鸟群的实拍数据，获得了鸟个体的位置和飞行速度。鸟群在个体数量上的规模为 122~4268 只，空间范围在 86m 左右。该研究发现两只鸟之间的距离对形成整体飞行模式 (瞬间改变方向) 并不重要，重要的是邻鸟之间的相互作用。群的作用强度由影响一只鸟的飞行方向的邻鸟数量决定，他们发现甚至不用考虑太多近邻个体的作用，而只考虑两只鸟之间的相互作用，就可以形成群的整体行为。

1.3.3　鱼的秩序性群体行为

我们可以通过几种方式看到鱼群。作为间接的方法，人们可以观看鱼群的照片或视频资料，而直接的方法就是参观水族馆，甚至可以采取更为直接的方法，那就是潜入海底，身临其境，与鱼共舞。随着信息交流的日益便捷和网络环境的日渐提升，人们可以极其方便地利用第一种方式看到鱼群。你可以马上打开计算机或手机，打开任意一个浏览器，输入"鱼群"二字，就知道我并没有过度褒奖我们的网络。

如果你被搜索结果的第一条 —— 那些鱼群的照片所吸引，不妨单击这条搜索结果，那么你会看到很多关于鱼群的照片，我再妄言一次，我保证你会被其中一些照片惊到，你会看到一条条弱小之鱼，竟然可以集结成庞大的群体，或洄游，或前行，秩序井然，而非混乱不堪。除了第一种方式，我们还可以走进水族馆，尤其是一些大规模的水族馆，你可能会被各种类型的海洋生物所吸引，但我希望你能够关注鱼群，这一次我希望能带着你的好奇心，去观察它们一段时间。先把你的注意力放在鱼群的整体，你会发现鱼群在不时地变换着自己的形状和前进的方向；再把注意力放在鱼群里面的每一条小鱼，你会发现鱼群当中几乎每一条鱼在形状、体色上都没有任何差别，甚至在身长上都几近相同。不仅如此，鱼群整体形状的改变、前行方向的改变几乎完成于瞬间，而每一次的改变我们却无从预知，我相信身在其中的每一条鱼也无从预知，但它们一起完成了那些奇妙的瞬间。所有这些告诉我们，鱼群里没有可以统领三军的将帅。第三种观察鱼群的方式是最直接，但也是难度最高的，那就是潜入大海。不涉及研究的必要性，我不知道有多少研究鱼群的学者会潜入大海，去直接观察鱼群，但水下摄影师是绝对有的，否则我们也无法从网络上搜到那些让我们慨叹不已的照片以及视频资料。从对鱼群的感受而言，一旦你能够身临其境，想必可以使用"震撼"一词来形容，说不定还可以再加一个词——"恐惧"。尽管我们在看到一条小鱼的时候不会想到这两个词，尤其是"恐惧"一词，最多我们会根据小鱼的体色和形状用"可爱""丑陋"等形容词来表达我们的感受。那么为什么会用"震撼"与"恐惧"来描述水下的鱼群呢？在水下，小的鱼群由几十条鱼构成，大的鱼群则可以由数千万条鱼构成，想象一下这么大的一个鱼群出现在我们面前的情形，俨然一只庞大的生物，应该不难想象自己的"震撼"和"恐惧"吧。把你自己想象成图 1.1 中的水下摄影师，再替他感受一下那份"震撼"或是"恐惧"，或是两种情绪的混合情绪吧。

除了用上面三种方式可以观察到鱼群，就不再有其他方式了吗？如果你所指的是真实世界的鱼群，的确是的。不过我采用了另外一种方式去观察鱼群，那就是计算机模拟。基于已经发现的鱼的行为特征，合理构建数理模型，结合研究目的，巧妙设计各种模拟实验的条件，通过计算机模拟使条条独立之鱼形成群体，展现在我们面前。这一方法与前面所提到的三种观察方式互为补充，尽管采用这一方法所观察到的并非是真实世界里的鱼群，但它可以足够真实，除了没有真实鱼的肉身，作为群体，每一个个体行为的本质，以及因这些个体之间的相互作用而形成的群体行为，都可以与海底世界里那些真实的鱼群足够相似。不仅如此，它还充满了神奇，可以任你设计、任你模拟，从而帮助你看到即便身处真实的鱼群当中也无法获得的重要信息。

图 1.1   鱼的群体行为 (图出自ジャック T. モイヤー/中村宏志 [5])

鱼生活在水中，与鸟群相同、与象群不同的是鱼群中没有领头之鱼，这意味着每一条鱼都与其他鱼的身份相同、地位相同。群居的鱼，即便不在迁徙的途中也会以群而居，同游为生，各种协调一致的游动模式时常出现并且有较好的持续性。在开放性的水域环境下，鱼要面对更多的危险，需要采取各种策略面对更多的捕食鱼。当捕食鱼出现直到开始攻击时，鱼群的秩序性群体行为会有怎样的变化？不同情况下的秩序性群体行为是否受共同机制的左右？这也是我们选择鱼群作为研究对象的一个理由。由于本书中对秩序性群体行为的探讨以对鱼的秩序性群体行为的模拟为基础，因此，将在第二部分及第三部分对围绕鱼的秩序性群体行为的生成机制、进行秩序性群体行为的原因而进行的计算机及对鱼群的模拟研究进行系统性介绍，在此不予赘述。

1.4　关于鱼的秩序性群体行为研究的问题

像图 1.1 中所展示的鱼群，在海洋中是常常可以观察到的。这些鱼群俨然一个庞大的生物，只是与一般意义上外形固定不变的生物不同，这个生物的外形是可变的，其"身体"任何一处都随时可能会变成"头"，这个"头"带着整个身体在水中前行一段距离之后，身体的另一部分又成为新的"头"。如此这般，它变换着身形，在水下徜徉。除了这一特征，鱼群中的鱼具有相差无几的运动方向，在整个鱼群的形状发生变化之后，这一特征依然得到保持，我们称为秩序性。整个鱼群中的每一条鱼在自己所处的位置、所拥有的信息上完全平等，或者说完全没有差异，这是一个没有层级的群体。更有趣的是，其中的每一条鱼仅能凭借自己有限的感觉器官获得自己身体周围有限的一些信息，对于远离自己身体的其他区域的信息，它们一无所知。即便如此，它们所形成的群体具有秩序性，或者说它们形成了一个看上去像一个整体的群体。如此奇妙的现象是凭借怎样的一个机制实现的？而它们又为什么集结在一起？相信读者也会期待揭晓这些问题的答案。

水下世界美轮美奂，里面的鱼五色斑斓，形态各异，但也充满了危险，毕竟生活在海洋中的生物也处在食物链的某一个链条，它们需要进食，而这与其生存方式无关，无论这些生物结群而居，还是独自为生，它们都需要进食，与此同时不要忘记，还有另外一些生物需要以它们为食饵，我们也因此称它们为被食鱼。在毫无危险的情况下，大量的鱼集结为群，变换着各种各样的队形，这对鱼群中的每一个个体会有怎样的好处？我们可以理解为具有同样体色、同样外形，甚至大小都无甚差异的鱼惺惺相惜而形成群体，甚至可以很浪漫地理解为水下的世界平淡无奇，这些鱼需要消遣、需要娱乐，它们变换着队形，时而如空中的风筝上下翻转，时而形成深深的隧道，这一行为只是它们在嬉戏。然而当它们遭遇捕食鱼时，并不是简单地四处逃散，而是尽可能地使群得到保持而不被冲散，甚至有时要比没有危险时更加紧密，这莫非是鱼的个体心生恐惧，集结在一起寻找安全感？作为鱼的群体行为的研究人员，我们要问的问题是为什么这样的秩序性群体行为在遭遇捕食鱼的攻击时仍然需要保持，并且能够得到保持？这其中又有着怎样的奥秘。

第2章　为什么及如何研究鱼的秩序性群体行为

2.1　鱼的群体行为的特殊之处

　　即便群居的动物种类繁多，但相对而言，鱼的群体行为是特殊的。首先，其特殊之处在于鱼的群体行为更为频繁。与空中飞行的鸟和陆地上行走的哺乳动物相比，游动在水中的鱼群即便不是为了迁徙，仅在有限的水域空间，也有频繁的群体行为。这一点充分说明了群体行为对于那些以群居为主的鱼而言具有实实在在的意义。其次，其特殊之处还在于群体活动的规模跨度大。小到仅有十几条鱼的小群，大到有成千上万条鱼的大群，各种规模的鱼群常见于水下，这在另一层面也说明了鱼的群体行为的广泛存在。

　　更为重要的是，鱼群中没有明确的领头之鱼。在开始深入研究之前，尽管我们尚不清楚到底鱼群是在怎样的机制下形成秩序性群体行为的，但仅根据鱼群中没有领头之鱼这一个特点，我们就可以做出推测，鱼群各种神奇的行为模式完全是凭借鱼的个体之间的相互作用而形成的。对于由数条或数十条鱼所组成的鱼群，这似乎还不足以令我们惊叹，但对于个体数量极大的鱼群，这样的事实几乎令人难以置信。局域性的相互作用竟然有如黏合力强劲的黏合剂，将一个个独立的个体黏合成为一个有机整体，它形态万变，却总能在该致密时致密，该松散时松散。没有什么凌驾于个体之上的力量，仅仅是存在于所有个体上的与周围邻近个体之间的相互作用，主宰了群的行为模式。

　　进行秩序性群体行为的鱼群精巧而美妙，从形成到维持，再到面对捕食鱼的攻击时所表现出的对鱼群的保护功能，就足以激发起人们对它的研究兴趣，并期待获得关于其内在机制的答案，而这除了进行深入而系统的研究，别无他法。当生物个体能力较弱，或者存在某些缺陷时，它们就会集结在一起，与进行同样行为的其他个体形成一个群体，以此来修复或弥补其自身的缺陷，并为其自身实际上从效果而言也为所有其他个体带来好处。鱼并非是一心只为他人的高尚之鱼，为了自己，它们进行必要的、合适的行为，而这无意间保护到了鱼群中的所有成员。

　　鱼的秩序性群体行为是复杂的。尽管所有的鱼在各自所拥有的信息以及与其他鱼的相互作用上与其他的鱼别无二致，但当它们采用不同的行为策略时，会产生不同的行为模式。

2.2　无时不在的秩序性群体行为

　　鱼这种动物，种类繁多，除了昆虫，鱼的种类最多。大家应该还记得我们在前面提到过，鱼的种类有 20000 多种。实际上，鱼不仅在个体形态、身体颜色上各不相同，其行为也千差万别。当然，我的关注点并非这些，深深吸引我的是一些形态和体色相同，甚至是大小都相近的鱼组成鱼群时，所形成的令人惊叹的行为模式。图1.1 的照片 [5] 中的鱼群想必一定会让拍下那一壮观景象的摄影师大吃一惊，即便是我们这些未在现场而只是看了照片的人也惊叹不已。成千上万条的鱼几乎就像一个生物整体一样，惊人的协调，惊人的一致。即便你明白那并非一个生物，但还是可以将其想象为一支军队，在指挥官的指挥下，这支军队阵仗工整，且瞬息万变。然而千万不要忘记，那里根本就不存在什么指挥官，支配如此神奇的行为模式的只有它们自己。了不起的摄影师为人类记录下了太多类似的镜头，让我们更多地认识到了鱼的秩序性群体行为模式，有时它们如前进中的军旅，所有群体成员一致向前；有时如深海旋涡，中间所形成的深洞充满了神秘；有时又如庞大的球形生物，缓缓而来。

不仅在毫无危险的情况下，鱼的有序群展现出各种高秩序性、规律性的群体行为，即便是在遭遇捕食鱼的攻击时，它们仍然会进行各种秩序性群体逃生行为，图 2.1 的照片是文献 [5] 中作者记录下的一种群体逃生行为模式。不仅如此，有的被食鱼们可以让捕食鱼误以为遇到一个远大于自己的庞然大物，或者这圆球的表面过于致密，使捕食鱼无从下嘴，其实即便捕食鱼很清楚眼前这个大球体就是由一条条柔弱的、体格远不及自己的小鱼组成的，但群体的力量依然是巨大也令人生畏的，因为捕食鱼并不清楚一旦自己莽撞而为，对这样的一个有序群发起进攻，这个大圆球会以怎样的方式保护自己。除了形成一个大的有足够威慑力的球体，有的鱼群还会展现出分裂的行为模式，一旦捕食鱼从中间突击进入鱼群，鱼群就会兵分两路，当然如果可能，它们依然会重新聚集在一起而再度成群。有的鱼群在遭遇捕食鱼的攻击时还会展现出类似喷泉的行为模式，凡此种种，不一而足。

读到这里，亲爱的读者朋友一定会有一些问题要问，这么奇异的群体行为模式是怎样产生的？这样做的好处是什么？不仅是读者，关于鱼所进行的如此奇妙的群体行为，学者也同样关心这两个问题。为了方便大家理解，我把这两个问题进行进一步的分析和解释。第一个问题实际上是鱼的秩序性群体行为是怎样生成并得以维持的？这个问题实际上包含了两个小问题，一个是在没有捕食鱼存在的情况下的秩序性群体行为的生成和维持机制，另一个是在存在捕食鱼的情况下的秩序性群体行为的生成机制。第二个问题则是鱼为什么要进行秩序性群体行为？同样，这个问题也包含了两个问题，一个是在没有捕食鱼存在的情况下鱼的秩序性群体行为能够为鱼群带来怎样的好处，另一个是在存在捕食鱼的情况下，秩序性群体行为能够为鱼群带来怎样的好处。除了鱼的群体行为的壮观、奇妙，上述这些问题更会激发学者对鱼的群体行为的研究兴趣。毕竟对这些问题的回答既可以对理论有卓越的贡献，也可以应用到很多领域，包括对人类群体行为的启发。

图 2.1　遭遇捕食鱼时鱼的群体逃生行为 (图出自シ？ャック T. モィヤー/中村宏志 [5])

2.3　鱼的秩序性群体行为研究的两大问题

鱼群研究的问题有很多，而我们非常关心的有两大问题，第一，鱼如何生成并维持秩序性群体行为？第二，鱼为什么要进行秩序性群体行为？

2.3.1　鱼的秩序性群体行为的生成及维持

自然界中不仅有群居的鱼类，也存在群居的鸟类和哺乳动物。鸟类主要在迁徙时成群，哺乳类中的鹿、羚羊、长颈鹿等食草动物则在寻找食源、游走觅食时结群。大多数情况下哺乳类的动物群中都存在特定的首领，群中的成员绝对服从群中首领的指示，这是此类群体行为的秩序性所在。鱼群则不同，从来没有哪一个鱼群中存在头领，所有的鱼在地位上与其他鱼完全相同，并且由于鱼的身体条件，以及鱼所处的水下环境所限，鱼只能获得其身体周围区域的信息。具有这样一些特征的群体以怎样的机制生成秩序性群体行为，所生成的秩序性群体行为在遭遇突发性外界扰动时是否仍然能够得以维持，这实在是一个非常有趣而值得深入研究的问题。

迄今为止的理论研究及实验观察发现，鱼群中并不存在掌控整个鱼群的领导者，为了说明方便，我们暂且称其为"头鱼"(大家没有听过这个词一点也不奇怪，因为这个角色的的确确从未存在过)。即便如此，一个拥有数千万条鱼的鱼群，仅仅通过近邻个体间的相互作用，就可以生成秩序性群体行为。但是这样的秩序性群体行为具体是由一条条鱼通过怎样的机制、怎样的行为而生成的却并不清楚。不仅如此，在我们进行鱼群研究工作之前，学术界还没有对根据各种行为机制形成的鱼群的秩序性群体行为在突发性扰动时是否稳定这一问题进行过深入研究。如果一个秩序性群体行为即便经历突发性扰动，仍然可以得到维持，我们就称之为动态秩序性群体行为。特别是当鱼群受到捕食鱼的攻击时，群中的个体怎样才能够保持秩序性群体行为，形成较好的群体逃生行为，尚处于全然不知的状态。

2.3.2 鱼为什么要进行秩序性群体行为

那么鱼为什么要进行秩序性群体行为？我们将这一问题拆分为两个问题，首先是鱼为什么要进行群体行为，其次是鱼为什么要进行秩序性群体行为。

对于所有群居动物而言，群居可以带来很多好处，我将按照优先顺序分别进行介绍。实际上，任何动物的第一需求就是生存，生存有两个层次，一个是该代动物的生存，另一个是该种群的世代延续。与该代动物的生存有直接关系的是监视捕食者、发现食源、捕食合作，而与种群延续相关的是繁殖。首先，群居可以有更多的个体参与对群体所在环境的监测，以监视并防范捕食者的突然袭击。其次，群居可以方便个体间共享信息，以便当其中一个或一些个体发现食源时，群内其他个体也能因此而受益。当然在这一点上，这是一个矛盾体，根据食源是否充分，我们可以用两个词汇来说明矛盾的两个方面。如果食源充分，个体所发现的食源信息为整个群体带来好处，使其他个体免受饥饿之苦；如果食源有限，则会带来在食源方面的竞争。最后，对于食肉动物来说，在捕食过程中很可能需要与其他个体进行合作。比如狼，它们在进行捕食时，会有非常好的团队协作。首先由 2~3 只狼佯装漫步，等到进入被捕食动物的警戒范围内，也就是距离足够近时再进行追逐与攻击。捕食者在选择攻击目标时，绝对不会择优，而是会尽量选择老弱病残，确定了攻击目标之后，它们会将攻击目标尽快地与群分离开来，下一步就是想方设法把攻击目标引到事先设计好的埋伏圈，进行最后的围攻。上述几项都是与该代动物的生存有直接关系的事情。除此之外，群居可以增加群内动物的繁殖率，这是对该物种的延续富有意义和价值的事情。除了与该群内个体的生存以及该种群的世代延续有直接关系的原因，还可能存在一些间接原因，比如，对于空中飞行的鸟和水中游动的鱼，它们集结成群很可能还有流体动力学的原因，就是在群体里飞行或游动，可以因流体动力学的原因而节省能量。

　　所有这些都是在未受到外界扰动的情况下动物集结成群的原因，而由此带来的利益也会在进化过程当中成为可以使个体集结成群的动力。

　　那么在存在危险的时候，如在遭受捕食鱼攻击时，动物集结成群或是我们的研究对象鱼集结成群可以带来怎样的好处？实际上，有研究认为当鱼集结成群时，鱼群中的个体作为被食鱼，其生存率可以提高, 而关于鱼群可以保护其中个体的原因应该不止一种。Parr[6] 观察到一个现象, 当鱼群受到攻击时, 鱼群各成员相互接近, 也因此而形成更好的极性, 即运动方向的一致性。关于这一观察结果, 很多研究者都试图解释其原因。Parr 认为产生这一现象是因为在无处藏身的海洋里, 每一条鱼都试图躲藏于其他鱼的身后。也有人认为小鱼如果能形成一个高密度的群体, 对捕食鱼来说看上去犹如巨大的动物, 可以引起捕食鱼的畏惧而导致其不敢采取攻击行为, 这被称为威吓假说。在众多解释中认同度较高的是 "混乱效果" [7]。所谓 "混乱效果" 是指捕食鱼在遇到很多外观和行为类似的猎物时很难选择一个确定的攻击目标。这个选择困难主要源于以下两个原因, 第一个原因是捕食鱼在鱼群中选择一条鱼作为攻击目标绝非容易之事, 很多捕食鱼倾向于选择鱼群中外观和行为与其他鱼不大相同的个体作为攻击目标的观测事实就说明了这一点。猎物几乎完全相同的外观, 给捕食鱼的选择带来了困难。第二个原因由捕食鱼周围游动着的无数的猎物所引起, 即便捕食鱼确定了它要捕食的对象, 也就是做出了选择, 其注意力也会被其附近的鱼的运动所分散。

"混乱效果" 的解释之所以能够被认同, 除了其理论本身具有很好的自洽, 还有一个原因是得到了一些观测实验的支持。比如, Neill 和 Cullen[8] 用欧洲的淡水鱼 —— 石斑鱼为被食鱼, 用鳟鱼和鲈鱼作为捕食鱼进行了研究。他们观察到当将被食鱼从 1 条增加到 6 条, 进而增加到 20 条时, 捕食鱼在单位时间的攻击次数及成功率随之降低。攻击次数的降低说明了确定攻击目标的困难在增加, 而成功率的降低则说明在确定了攻击目标之后, 更多的情况是无法进行持续的追踪, 使得成为攻击目标的被食鱼成功脱险, 最终捕食以失败而告终。

如前所述, 各假说都对众多个体集结在一起成为一个大的群体, 当这个群体在遭遇捕食鱼的攻击时所表现出来的效果进行了较为合理的解释。也正如我们前面所言，这些假说并非排他的，因此并不排除它们都有一定的适用范围，都有一定的正确性，甚至有可能会同时发挥作用。

但迄今为止的假说所能说明的都仅仅是作为一个大的群体所具有的效果，但对于遭遇捕食鱼攻击时，为什么每一条鱼的行为会变得更加具有方向一致性并没有进行说明，也就是说并没有对遭遇捕食鱼攻击时，由鱼的个体运动生成的秩序性群体行为能够给鱼的生存率带来怎样的效果进行说明。我们关心的不仅仅是一个群的"大规模"带来的效果，更关心"秩序性"是否会带给鱼群以及鱼群中的个体以更多的利益。因此，秩序性群体行为正是我们所关心的焦点，这有可能帮助解释那些在遭遇捕食鱼攻击时鱼群所表现出来的各种秩序性群体行为模式的成因。

经过漫长进化的鱼，其生存方式应该向着更好的方向改进。特别是在生死攸关的时刻，如当有被捕食的危险时，如果鱼的个体感受到了危险，那么它会立即接近其身边的其他鱼，整个鱼群运动的方向性也变得更高，我们相信产生这样的现象一定是有原因的。当鱼群受到捕食鱼的攻击时，由每一条鱼的行为是否可生成秩序性群体逃生行为？而如此形成的秩序性群体逃生行为又是怎样保护鱼群中的个体的，也就是在遭遇捕食鱼的攻击时，存在于鱼群中的个体能够得到怎样的好处？我们的最终目的并不仅仅停留在对上述问题中所涉及的现象进行再现，而是要寻找群体行为的利益本质，揭示可以给个体带来利益的群体行为的生成过程中鱼的个体行为战术的作用机制。

2.4　鱼的秩序性群体行为研究的主要手段

前面已经提到鱼群的规模跨度很大，大的鱼群由成千上万条鱼组成，而小的鱼群仅由几条鱼组成。对于鱼群的宏观行为模式，可以通过观察自然环境中的大规模鱼群来获得,而观察水槽中规模较小的鱼群的群体行为则可以获得一些观察或实验的数据,这非常有利于为理论研究提供相应的生物学参数,而使理论研究不至于选取一些毫无依据的参数而成为纸上谈兵。建立在实验观测数据上的理论研究,其结果具有一定的意义。通过观测或实验获得的有关鱼群的行为特点,也有利于为理论研究提供可进行比较的实验结果,从而验证理论研究的合理性。比起对无边无际的空中飞行的鸟群进行观察或实验,制作一个大水槽,把一个小规模鱼群限定在有限的空间里进行观察或实验,应该要容易得多。

然而,要回答鱼的秩序性群体行为的两大问题,采用实验观测手段进行研究是非常困难的。而提取上述问题的本质,将现象进行模型化,并根据模型进行计算机模拟,再通过对计算机模拟结果的分析尝试寻找上述问题的答案则不失为一个好方法。

为了回答关于鱼的秩序性群体行为的两个问题,首先需要构建鱼的个体行为模型,并且能够反映来自于周围个体的影响。其次需要对由个体行为生成的群体行为的秩序性进行评估,方可探索秩序性群体行为的生成机制。当鱼群遭受捕食鱼的攻击时,鱼的个体行为又与群体逃生行为的效果有怎样的关系,结合秩序性群体行为在无捕食鱼攻击条件下带给个体及鱼群的利益,就有可能回答进行秩序性群体行为的原因这个问题。本书采用数理模型对鱼的个体行为进行表达,并通过计算机模拟对上述问题进行研究。

2.5　研究鱼的秩序性群体行为的意义

于群而居的鱼种类繁多,它们也常常为了觅食或产卵而进行大规模洄游,人类利用鱼这样的行为特点进行捕捞活动,这是水产领域从很久以前就开始对鱼的群体行为进行研究的一个原因。采用基于个体行为以及个体间相互作用的观点而构建的模型,探索鱼群的秩序性群体行为以及遭遇捕食鱼攻击时群体逃生行为的形成条件，从而明确鱼的群体行为机制，对真实鱼群的群体行为研究而言无疑具有重要意义。不仅如此，如果能够揭示鱼的秩序性群体行为和鱼群逃生效率之间的关系，完全可以期待其成为解释鱼群各种不可思议的行为的基础。

除此之外，鱼群中不存在领头之鱼，每一条鱼的个体除了其自身及紧邻身体周围的信息，其他信息一无所知，在这样的情况下，众多的鱼是通过怎样的机制生成秩序性群体行为的，这不仅从应用于水产领域的角度出发是个非常需要深入研究的问题，也是一个非常适合作为复杂生物系统的自组织动力学研究的问题。如果能够揭示鱼的秩序性群体行为形成的机制及理由，无疑将成为揭示复杂生物系统内在机制的一个重要贡献。

鱼的秩序性群体行为是可以被借鉴的。像这样由数量巨大的个体组成的，仅凭借个体之间的相互作用就可以完成惊人之举的系统，除了鸟群、鱼群，我们还能想到由千亿神经元组成的大脑，以及人的群体行为。鱼群、人类群体，甚至是神经元群体，这些属于不同生物水平的群体，很可能在秩序性群体行为的生成及维持上有着惊人的巧合或共性。简简单单、规规矩矩的鱼仅依靠个体之间的相互作用，就能够生成秩序性群体行为的现象及其机制，是否可以被人类群体所借鉴？人类群体立于所有群居动物之巅，无论其构成还是结构都更为复杂，所涉及的行为也极其多样，这一点，鱼群与人类群体是无法相提并论的。人的群体行为，无论就其本身的复杂程度还是构成群体基本单位的智力程度，都远远优于鱼群。然而，可以为师者并非总是优越者，那些看上去简单得多的鱼，在某些方面很有可能成为人类之师，从它们的行为当中人类很可能会获得一定的启发。

第3章　鱼群的经典研究

　　鱼的秩序性群体行为美轮美奂，又充满了神奇。从几条到数条到多达千万条，那些可以形成秩序性群体行为的鱼总可以如行进的军队，游动的方向与速度整齐如一；又可以如花样游泳队员们经过长期的艰苦训练而展现给观众各种惊艳的同步群体行为模式。鱼的秩序性群体行为不仅吸引了动物学家、水产领域的研究人员，也吸引了物理、数学，尤其是复杂系统，以及其他跨学科领域的学者，他们尝试回答一个共同的问题，鱼的秩序性群体行为是怎样生成的。作为动物社会的典型，鱼群很早就被动物学家和社会学家所关注，并进行了深入的研究。也由于与渔业有着密切的联系，应用工学和水产领域的学者也对鱼群的研究具有浓厚的兴趣。让我们先来看一看他们的卓越工作。

　　有关鱼群的早期研究，Parr[6] 的生物的、偏理论的研究为人所知。在 Parr 的研究中，他假定鱼群的形成只依赖于视觉信息。1950年开始，Breder、Shaw 等学者开始研究鱼群的生成机制[9−12]。1960年开始有了理论方面的研究，这些理论研究大体上可以分为两个流派，一个流派是牛顿动力学模型研究，另一个流派是基于个体决策模型的研究。

3.1　牛顿动力学模型

　　在基于牛顿动力学的模型中，鱼的个体被视作物理粒子，而作用于个体 (粒子) 上的各种外力通过力学公式得以描述，这样一来，每一条鱼，也就是每一个粒子的行为最终由牛顿动力学方程式所确定。不同的牛顿动力学模型之间最主要的差别在于形成群体行为的各个鱼之间的相互作用不同。Inagaki, Sakamoto 和 Kuroki[13] 等假定作用在鱼个体上的力有相互吸引力、排斥力、平均推进力和随机作用力。据此，他们得到了当相互作用力发生变化时，鱼群的形状也会随之发生改变的结论。

为了考察水槽中鱼的行为与渔具的关系，Matsuda 和 Sannomiya 构建了一个牛顿动力学模型 [14]。该模型考虑了六种作用力，它们分别是个体推进力、个体间吸引力、个体间排斥力、鱼群形成力、来自于水槽壁和渔网的排斥力及随机作用力。基于该模型，他们进行了计算机模拟，模拟的结果表明，该模型可以得到与实际鱼群行为类似的群体行为。其后，Matsuda 和 Sannomiya 改进了他们的原始模型 [14]，对水槽中的鱼在存在各种陷阱时如何行为进行了模拟 [15]。这个模型的重要之处在于，基于同一个模型，采用不同的物理参数，可以展现不同种类鱼的生态行为。

把鱼群的群体行为动力学引入解析研究的模型当中，无法不提及的有 Okubo[16] 和 Niwa[17] 的模型。他们的模型把鱼的个体看作气体粒子，粒子间有相互吸引力并且具有极性，可以采用统计力学的方法寻找其解析解。

Okubo[16] 针对动物群体的形成进行了理论层面的详细探讨。在该研究中，群的动态以个体间的相互吸引力、来自于环境的外力、运动所带来的摩擦力进行描述，该研究指出了群的扩散和群的形成状态的不同。Niwa[17] 采用了粒子模型，以鱼群为研究对象，在个体间的相互吸引力、整队作用力和随机力 (噪声力) 的影响下，采用解析的方法对群的动力学问题进行了求解。在所得到的解中，鱼群的宏观动力学和群中个体的微观动力学被区分开来，根据双方的动力学相互决定对方的状态的结果，Niwa 认为鱼群是自组织系统。此外，Niwa[18] 还得到了使鱼群从静止状态到巡航状态变化的参数，该研究发现了作用于群整体的随机外力导致了该参数的变化, 并详细阐述了鱼群从静止状态迁移到巡航状态的机制。

这些模型[13-19]在解析鱼群整体动向时, 需要鱼群周边环境的信息, 这就需要设定各种参数的具体数值。因为可以对这些数值进行物理评价, 这也是这些模型优于其他模型的地方。尽管鱼被视作物理粒子, 粒子之间以及粒子与环境之间的相互作用可通过物理作用力来呈现, 从而决定了各种作用力的参数具有的物理意义, 因此模型也就不是空想的模型, 通过由模型所得到的鱼的群体行为的结果可以在一定程度上推测模型的合理性。这一类模型中, 鱼的个体与环境之间的相互作用力, 比如, 鱼与渔具之间的相互作用力、鱼个体之间的相互吸引力是基本作用力, 而有些作用力却是一个复合作用力, 比如, Matsuda 和 Sannomiya 模型中的群形成的作用力和 Niwa 模型中的整队作用力, 无法确定这些作用力究竟来自于哪里, 如何构成, 因此也就会带来从一个未知转移到另一个未知的问题。由此带来的更为严重的问题就是, 尽管这些模型可以再现鱼群的形状或一些其他的特征性行为, 但依旧无法把握鱼的群体形成的机制, 毕竟那里有我们不知道来源的作用力。

3.2 个体决策模型

个体决策模型[20-25]所采用的方法是根据对鱼所进行的实验观测的结果, 将鱼个体的行为规则通过公式表达出来, 再通过计算机模拟将鱼群整体的行为进行解析。这种研究方法并不采用像牛顿动力学模型那样的运动方程式以及各种外力作用, 而是将群中的个体视为有**知觉、判断和行为能力**的个体。个体从环境中获得信息, 并根据周围随时变化的情况判断并决定自己应该如何行为。

在个体决策模型中, 鱼的个体不再是简单的物理粒子, 它们都有知觉能力, 可以通过感觉系统获取身体周围的其他个体的信息,感知周围环境的变化, 并审时度势, 根据变化的信息决定自己的行为, 在这一点上, 我们不得不承认, 鱼的个体决策模型要优于牛顿动力学模型。当然, 如果牛顿动力学模型中的所有作用力都是既有物理意义, 又有明确来源的作用力, 那么牛顿动力学模型也可以解决鱼的群体行为生成的很多问题。

Aoki[20] 最早提出了鱼的个体决策模型。Aoki 模型是一个二维平面模型, 该模型假定所有鱼分布在一个二维平面上, 每一条鱼都有自己和其他鱼发生相互作用的区域 (图 3.1), 根据其他鱼出现区域的不同, 鱼自身采取不同的行为。

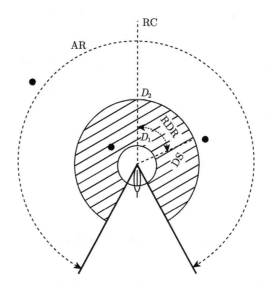

图 3.1　Aoki 模型中鱼的相互作用区域 (图出自 Aoki [20])

现在, 我需要对图 3.1 中出现的各参数的意义做一个简单的说明。D_1 是回避行为距离, 当该鱼与其他鱼之间的距离小于等于 D_1 时, 鱼需要采取碰撞回避行为。D_2 表示趋近行为距离, 当该鱼与其他鱼之间的距离大于 D_2 时, 鱼需要采取趋近行为。RC 表示鱼与其他个体之间相互作用的距离范围, 而 AR 则表示鱼与其他个体相互作用的角度范围。与其他个体间的相对位置的关系由距离 DS

和相对方向 RDR 表示。Aoki 假定鱼的运动方向由概率密度函数决定。每一条鱼受与自己运动方向最近的四条鱼的影响 (这四条鱼的号码为 $j, j = 1, 2, 3, 4$)，运动方向由下面的概率方程所决定：

$$P_i(\theta) = \sum_j W_j \frac{1}{S_j \sqrt{2\pi}} e^{-(\theta - M_j)^2/S_j{}^2} \qquad (3.1)$$

这里，W_j 是来自第 $j(j \leqslant 4)$ 条鱼影响的权重，假定与从该条鱼到第 j 条鱼的运动方向的角度成反比，其意义在来自运动方向最接近的鱼的影响最大。M_j 根据与鱼 j 的相对位置而决定，根据如下的方程确定。DS_j 是到鱼 j 的距离，DR_j 是到鱼 j 的方向，DH_j 是鱼 j 的方向。M_j 和 S_j 按照下述规则确定：

(1) 如果 $DS_j > D_2$，$M_j = DR_j$、$S_j = D_1$；

(2) 如果 $D_1 < DS_j < D_2$，$M_j = DH_j$、$S_j = D_2$；

(3) 如果 $DS_j < D_1$，M_j 选择 $DS_j + 90°$ 和 $DS_j - 90°$ 中容易转向的方向；

(4) 当其他鱼并未出现在图中所示的区域时，鱼的运动方向不受其他鱼的影响，并随机变化。

Aoki 使用了根据观测数据获得的鱼群中鱼的速度分布来决定其模型中鱼的运动速度：

$$f(v) = \frac{A^K}{\Gamma(K)} \exp(-Av) v^{K-1} \qquad (3.2)$$

采用这个模型，Aoki 模拟了由 8 条鱼组成的鱼群。尽管鱼群中的每一条鱼既无法获知整个鱼群的信息，也没有特定的领头之鱼，但模拟结果还是成功地再现了鱼的群体行为。

Huth 和 Wissel[22,23] 对 Aoki 提出的模型进行了改进，模拟出了运动方向一致性很好的鱼群运动。他们的研究认为，同时考虑近邻个体的信息是形成群体行为的基本要素。

Narita 等 [26] 对 Aoki 模型做了一定的修改。这些修改主要包括，① 改变鱼的相互作用区域的大小；② 使个体鱼在每一时刻只受其近邻 1 条鱼的影响。模拟的结果表明，当个体鱼只关注与其最近的 1 条鱼，或是只关注其眼前的鱼的行为时，无法形成包含全体成员的鱼群，而是会形成多个小鱼群，并且随着时间的推移，小群继续分裂。Narita 等的研究表明，为形成鱼群，鱼需要在一定的时间范围内均等地关注其周围的鱼以决定自己的行为。除此之外，Narita 的研究还得到了当鱼群遭受捕食鱼的攻击时，鱼群的规模越大，捕食越难以成功的结论，这一点是与观测结果一致的。Hattori 等 [27] 进一步修改了 Narita 的模型，模拟了鱼群被 1 条捕食鱼攻击的情况。该研究采用数理模型，再现了对真实鱼群进行实验时所观测到的鱼群的几种群体逃离模式。即便如此，所有这些研究都没有明确指出当鱼群受到捕食鱼的攻击时，其秩序性群体行为给鱼群的防御效果所带来的好处及其发挥作用的机制。

所有这些研究都指出，每一条鱼都只是根据自己周围的情况决定自身前进的方向，即便整个鱼群中没有领头之鱼，仍然能够形成秩序性群体行为。但是，上述模型中的每一条鱼在各时刻的行为并没有同时考虑不与鱼群分离的行为和避免与其他鱼发生碰撞的行为。在 Aoki 模型中，每一条鱼受离自己最近的 4 条鱼的位置和运动方向的影响，对于密度均一的鱼群而言，鱼与其最近的 4 条鱼之间的距离偏差较小，鱼或是同时受到其周围鱼的排斥，或是同时受到其周围鱼的吸引。在成田模型中，鱼群中的每一条鱼在各时刻只关注其周围的 1 条近邻之鱼，在一定时间范围内，其周围被选择为关注目标的鱼的概率是均等的，因此，这会导致鱼有时候只关注不与鱼群脱离的行为，而忽视了与其他鱼可能发生的碰撞行为，或者有时候只关注不与其他鱼发生碰撞的行为，而忽视了不与群脱离的行为。再有，所有这些研究都将关注的重点放在了鱼的秩序性群体行为的形成，而没有研究当鱼群受到外界扰动时，其秩序性群体行为是否能够得到保持。这是关于鱼的秩序性群体行为的稳定性的问题，不考察群体行为的秩序与受到外界扰动时系统的动态稳定性之间的关系,就无法了解鱼的秩序性群体行为的真正价值。

迄今为止的关于鱼群的很多理论研究,在构建模型时都仅考虑了视觉信息,即通过视觉系统获取的信息是来自于其周围的全部信息。Narita 模型和 Hattori 模型在这一点上做了一定的改进,不仅考虑了视觉的作用,也考虑了鱼身体上的侧线作用,但在他们的模型中,在决定鱼的运动方向上,无论鱼处于何种情况,来自于视觉的信息和来自于侧线的信息的作用贡献都是固定不变的,这一点显然与实际情况不符。

本章我们介绍了关于鱼的秩序性群体行为的一些研究。如果把这些研究从不同角度做个分类,可以更好地认识它们的研究价值和意义。从研究手段上可以将它们分为理论研究和实验研究。理论研究主要对鱼的个体或者群体进行建模,并进行相应的解析;实验研究则多是对由少量鱼组成的鱼群进行观测实验,获得一些观察数据,当然这些观察数据更为直接。从研究范围上可以将这些研究分为对不存在危险的情况下的鱼的秩序性群体行为的生成研究,以及存在捕食鱼攻击的情况下的秩序性群体行为给群体逃生行为所带来的利益的研究。

鱼的秩序性群体行为的规模从小到大,单就观察鱼群的整体行为模式而言,实验研究可以得到一定有价值的信息。对于规模庞大的鱼群,则无法做到对其中所有个体在每时每刻的位置以及运动方向的记录,但对于小规模的鱼群,可以通过影像设备记录其中所有鱼的个体位置以及运动方向。即便如此,我们能够获得的也仅仅是由鱼的个体组成的鱼群整体的秩序性,却无从获得这样的秩序性是怎样从无到有而产生的,无法通过实验观察获得秩序性群体行为生成的内在机制。为了考察鱼的秩序性群体行为的生成机制以及回答为什么鱼要进行秩序性群体行为,理论研究必不可缺。

第4章 鱼的个体行为模型构建的基础

无论是牛顿动力学模型还是个体决策模型，如果所涉及的决定个体行为的作用力或其行为规则可以分解为最基本的、最明确的部分，那么就都可以成为研究鱼的群体行为的最优工具，因为这样的模型具有研究从个体到群体行为生成的先天优势。

一条独居的鱼可以畅享自由，或静止，或游动，或向西，或向东，无须顾及其他鱼。自然，描述这样一条鱼的行为模型也就无须考虑来自其他鱼的影响，只要使其在一定的空间范围内自由游走，或动或静。以群居为生活方式的鱼则不然，它的运动方向、运动速度都要受到其他个体的影响。即便如此，我们进行鱼的群体行为建模的入手点依然是鱼的个体行为，只不过每一条鱼的个体行为都将反映它与近邻个体之间的相互作用。如此一来，不可避免地要考虑的问题就是鱼的个体运动方向由什么决定？运动速度又根据什么规则来确定？

在第 3 章所介绍的理论研究中，尽管学者尽其所能构建了具有一定物理意义甚至是生物学意义的模型，但在感觉信息的应用和鱼的个体行为方面都或多或少存在一定的缺陷，显然需要有一个新的个体行为模型来弥补这些缺陷，进而可以探索鱼进行秩序性群体行为的真正原因。

为此，我们构建了一个基于感觉系统获得信息，进而进行个体行为决策的模型。以下将详细介绍该模型，并介绍构建该模型的具体依据。

4.1　可以同时兼顾多个目的而采取行动的鱼

我们的模型属于个体行为决策模型，其核心是根据以往的理论和实验研究发现的结果，构建了具有神经加工和其他生理依据的鱼的个体行为。模型中，鱼的个体根据它们自身所处的环境及周围近邻个体的情况决定其具体的行为。此模型是一个动态模型，即每时每刻每条鱼通过其自身的感觉系统所获得的信息都将反映在其下一时刻的行为上。

具体而言，本模型中鱼的行为由两种或三种基本行为按照一定比例构成，或者说根据鱼所处的境况，每一时刻两种或三种基本行为决定了鱼在其下一时刻的行为。

在不存在被捕食危险的情况下，每一条鱼的基本行为有两种，一种是模仿行为，一种是碰撞回避行为。模仿行为是指鱼对其所在的鱼群中成为模仿对象的鱼所采取的趋近及并行游动的行为，显然，模仿行为使鱼不与自己所在的鱼群分离。碰撞回避行为是指鱼的个体为了使自身不与其周围的鱼发生碰撞而采取的行为。不难看出，碰撞回避行为避免了群体中因个体之间的碰撞而导致的混乱。这里需要强调的是，这两种基本行为是同时考虑的，也就是说鱼在每一时刻的行为决策，都要将这两种基本行为按照一定比例考虑进来。实际上也是如此，鱼既不能只顾及趋近或与鱼群中的某一条鱼并行游动，从而使自己不与鱼群分离，而冒险与周围的鱼发生碰撞，也不能只采取碰撞回避行为，而宁愿远离鱼群。当然，孰重孰轻，鱼可能会适时进行调整，而在我们后续的计算机模拟中，也将这两种行为的比例分配作为一个变量，通过对不同行为比例下进行的计算机模拟，得出可以产生秩序性群体行为的最优行为比例。这部分研究发表在论文 [28] 中。

当遭遇捕食鱼的攻击时，除了上述两种基本行为，鱼还要同时考虑并进行第三种行为，即逃离捕食鱼以免遭被捕食的行为，简称逃生行为。在这样的情况下，鱼在每一时刻的行为由这三种基本行为决定，这三种基本行为的比例不同，鱼的个体行为也就不同。

还有一点需要说明的是，对于鱼的个体而言，其按照一定的比例同时进行上述各种基本行为需要满足一个条件，即在该鱼与其他鱼的相互作用范围内存在其他鱼的个体。如果没有鱼出现在其相互作用范围内，该鱼将采取探索行为，以便发现同类。

如上所述，当鱼必须同时考虑多个目的而行为时，与各目的的重要程度相符，这些基本行为将按照一定的比例进行组合。这是我们的个体行为决策模型的核心，当然这个核心需要有充分的依据。

从动物的各种感觉系统到大脑皮层运动区的输入，尽管多个与目的相应的、表示多个运动方向 (以被食鱼为例，逃离捕食鱼的目的，与同伴不发生碰撞的目的，以及不与群分离的目的) 的信号并行进入，但在大脑皮层的运动区中，最终会有一个方向的运动指令传递给肌肉。一般而言，在运动皮层决定运动方向的方式有两种 [29]：

(1) 平均方式：按照输入信息的强弱，以多个方向的平均方向为运动方向。

(2) 多数方式：以输入最强的方向为运动方向。

本模型中，鱼个体每一次的运动方向就是根据平均方式决定的。鱼根据其自身所处的环境，采用两种或三种基本行为，鱼在每一时刻的行为由这些基本行为按照一定的比例组合而成。当然，这一方式与多数决定方式并不矛盾。实际上，就一段时间的最终效果而言，这两种方式的效果是相同的。每一时刻的运动方向遵循一个目的，当存在多个目的时，以某一时间间隔来看，遵循各个目的的方向与其强弱相应成比而被采取。这是因为遵循重要度最强的目的行为后，下一时刻，该行为的重要度会下降，而下一步所采纳的方向则是在其余的目的中重要度最强的行为的方向，对其进行时间上的平均，所采取的就是与各目的的重要度相应成比的行为。

　　本模型中，一步的运动是 $\Delta t = 0.1\text{s}$ 的时间内发生的运动的总和。$\Delta t = 0.1\text{s}$ 的时间内鱼可以充分地进行 $180°$ 的转换，因此，$\Delta t = 0.1\text{s}$ 后的运动，可以看成每一个瞬间运动的总和。

　　上述内容介绍了成为我们的模型中鱼的个体在每一时刻的行为，同时考虑了多个行为目的 —— 从神经系统到对肌肉支配的依据。不仅如此，也有研究通过实验观察到了真实鱼的行为，同时考虑了两个目的的事实。

　　这是一个在水槽中进行的实验。这个实验是为观察水槽中的鱼在受到惊吓后的运动方向而进行的，具体做法是将鱼放在水槽中，使一个球体从鱼的上方下落，观察鱼受到惊吓后的行为。由于水槽有四壁，当球下落时，鱼既可能会被球体砸到，也可能会为躲避下落的球体而碰到水槽壁。这种情况下，该研究观察到了鱼同时采取逃离球体的行为和回避与水槽壁发生碰撞的行为 [30]。这一观测结果表明，当外界刺激和障碍物同时存在时，鱼采取与刺激相应的运动方向，如果该方向上存在障碍物，鱼所采取的行为并不是修正该运动方向，而是同时考虑逃离刺激和避免与障碍物相撞，从而决定其最终的运动方向。图 4.1 是该观察结果的示意图。图中 S1 方向是最初的转换方向，ET 是实际的运动方向。点线是刺激和水槽壁单独存在时的转换方向。

　　至此，模型中所采用的鱼的个体行为由多个目的的基本行为同时决定的假设就可以放心使用了。

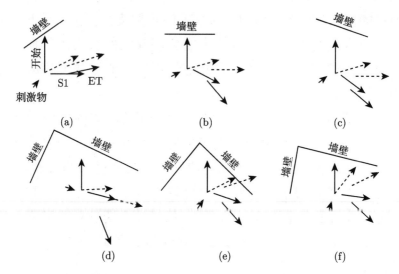

图 4.1　刺激和障碍物同时存在时鱼的反应 (图出自 Eaton 和 Emberley[30])

4.2　鱼的运动方向和速度可以被分别决定

　　本模型中，鱼采取逃生行为时，其运动方向和速度的大小是相互独立的两个变量。实际上，有研究发现，当鱼受到突发刺激时，其反应由两个阶段构成 [31]，这一观测结果也是模型中鱼的运动方向与速度大小相互独立的依据。这两个阶段分别是：①转向；②推进。图 4.2 展示了鱼的周围突然有球体落下时鱼的反应情况。

　　实际上，有观测发现当鱼群遭到捕食鱼攻击时，到捕食鱼非常接近目标被食鱼前，被食鱼进行通常的秩序性群体行为，直到非常接近时，与对突发刺激的反应相同，被食鱼的反应分成两个阶段，紧急转向和加速。

　　基于上述两种观测实验的结果，我们假定鱼的运动方向和运动速度相互独立、互不影响。

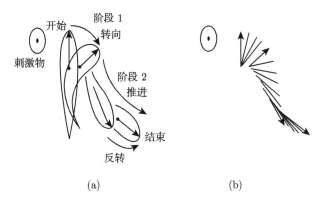

图 4.2　鱼对突发刺激的反应 (图出自 Foreman 和 Eaton [31])

4.3　视觉系统和侧线同时发挥作用

有很多因素与鱼的秩序性群体行为的形成和保持相关。对大规模的鱼群行为的研究，自然条件下的观察是最优方法，但每条鱼的位置和速度每时每刻都发生着变化，这样的观察难度极大，几乎不可能实现。因此有很多研究利用水槽进行观察。具体做法是把由少量鱼构成的小鱼群放入水槽中，用摄像机记录下它们的游动状态并进行分析。

Partridge[7,32] 等就是采用这样的方法对鱼群进行持续观察并研究鱼群的行为的。他们的研究表明，尽管不同种类的鱼会有具体数值上的差异，但无论是什么种类的鱼群，每一条鱼与其他鱼之间都保持"最优角度和最优距离"而游动。实际上，鱼与鱼之间的理想间距和朝向并不是严格规定的，它有很大的变化，但从长期的平均结果而言，可以接近这样的理想数值。

不仅如此，鱼为了保持自己在鱼群中的位置，会同时利用眼睛和侧线获得其近邻鱼的速度。鱼群的各种复杂行为，基本上利用的都是来自于眼睛和侧线这两个感觉器官的信息的组合。

鱼与鱼之间没有相互碰撞，而进行着整齐一致的群体行为。为达到这样的效果，鱼需要获得其周围的鱼的位置、运动方向的信息，而这些信息仅凭视觉是做不到的。鱼身上还有一个可以利用的感觉器官，那就是侧线。关于侧线，Partridge 等通过实验 [32] 清晰地展示了它的功能。构成侧线的感受器细胞是毛细胞，它对水流时时刻刻的变化非常敏感。毛细胞存在于在鱼的头部复杂排列的管子当中，也存在于从头到尾的几乎是直线型的管子当中。

如图 4.3 所示，几乎所有的鱼其身体两侧都有清晰的线，那就是侧线。

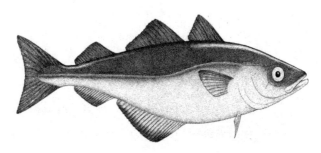

图 4.3   鱼的侧线 (图出自 Partridge [7])

为了考察侧线与鱼群的形成及保持是否相关，B. L. Partridge 等 [32] 进行了一系列实验。首先，他们用不透明的隐形镜片遮住波洛克鱼的眼睛，使其处于暂时性目盲状态，也就是使其暂时无法获得并利用视觉信息。把处于暂时性目盲状态的鱼放到常规鱼当中，他们发现那条鱼仍然可以对鱼群前行的速度和方向进行反应，并能够保持自己在鱼群中的位置。即便如此，仍然有些变化被观察到。与常规鱼不同，处于目盲状态的鱼与其最近的鱼之间的距离会稍远些。其次，他们破坏了鱼的侧线，但不对鱼的视觉信息进行阻断，也就是不使鱼处于暂时性目盲状态。将切断侧线的鱼放入鱼群，观察由此带来的变化。他们发现，即便鱼的侧线被切断，它仍然能使自己处于鱼群之中，并与鱼群一同行为。同样，他们也观察到了一些变化，被切断侧线的鱼更愿意与最近的鱼之间保持更近的距离。最后，他们既给鱼进行了暂时性目盲处理，又切断了它的侧线，再把经过处理的鱼放归鱼群，他们发现经过这两种处理的鱼再也无法使自己处于鱼群之中，与鱼群中的其他鱼一起齐头并进了。

这个实验说明鱼的个体要使自己处于鱼群中并且与其他鱼保持合适的距离，既需要来自于眼睛的视觉信息，又需要来自于侧线的感觉信息，换言之，鱼的秩序性群体行为的形成需要来自于鱼的眼睛和侧线两方面的信息。视觉信息主要有助于实现鱼与其他成员之间的相互吸引作用，而来自于侧线的信息则主要用于保持与其他成员之间的相互排斥作用，以避免发生相互碰撞。模型中，假定鱼的个体的两种基本行为——模仿行为和碰撞回避行为来自于视觉信息和侧线信息，具体而言，鱼的个体对其近邻鱼的模仿行为依靠视觉信息，而碰撞回避行为依靠侧线信息。我相信前面的描述已经让大家清楚地了解到，尽管模型里所提到的模仿行为和碰撞回避行为是假定的两种行为，但它们绝非凭空而来，而是有着一定的实验依据。而且这两种行为的来源都是鱼的个体本身，它们需要模仿鱼群中的其他鱼，以使自己不至于与众不同，它们也需要回避碰撞，以免对自己造成伤害或是产生大量的能量消耗。至于为什么它们不愿意让自己与众不同，在后续的章节中，我们将深入研究这一问题。

4.4　遭遇捕食鱼攻击时被食鱼的逃离方向

图 4.4 展示了鱼群在遭遇捕食鱼攻击时的逃生行为模式——喷泉逃离 (fountain maneuver) 模式。为了研究这一逃生行为模式的机制，Hall 等 [33] 提出了鱼所采取的逃跑方向由三个要素决定：①可观察捕食鱼的行为；②使逃离中的能量消耗最小；③使逃离捕食鱼的可能性最大。图 4.5 是根据其提出的三个要素所得到的鱼的

逃离方向。在他们的实验研究中，使用球体作为刺激材料，观察当球体从上方落下时，鱼如何逃跑。该研究发现，鱼所采取的逃离方向是既能观察来袭物，也就是从上方下落的球体，又能使逃离成功的可能性最大化，即与观察对象之间形成的相对角度为 150°。

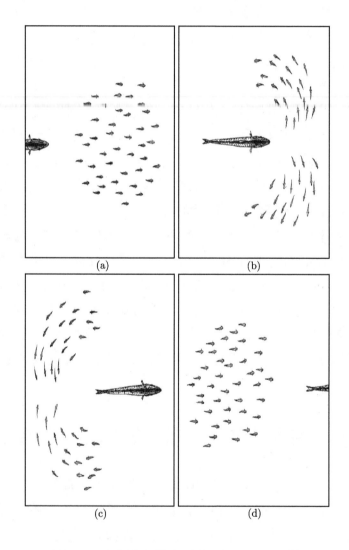

图 4.4　喷泉逃离模式 (图出自 Partridge[7])

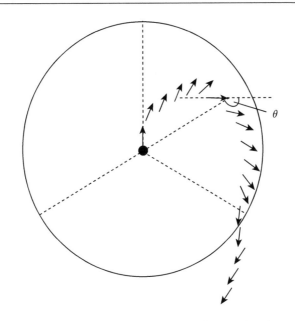

图 4.5 被攻击时鱼的逃离方向随时间的变化 (图出自 Hall 等[33])

为了验证其想法, 他们将 200 条鱼放入 7m× 4m× 10m 的水槽中进行了观察实验。这个实验中所采用的对鱼群的刺激物是一个匀速运动的球体。该实验发现, 鱼为了使自己逃离刺激物时的能量消耗处于最小, 同时又能够通过视觉进行安全确认, 会采取使刺激物刚好出现在视野边缘的行为。

综合上面的介绍, 相信各位读者已经了解到我们的模型所考虑的方方面面, 以及考虑这些的依据。我们考虑鱼的个体行为的同时又考虑了多个基本行为, 分别是对近邻鱼的模仿行为、与周围鱼的碰撞回避行为以及存在捕食鱼攻击时的逃生行为。这三种基本行为各有其所赖以形成的感觉信息, 模仿行为主要依靠视觉信息, 碰撞回避行为主要依靠来自于侧线的信息, 而逃生行为则既依靠视觉信息又依靠侧线信息。关于鱼的逃生行为, 其逃离方向和逃离速度是相互独立的。被食鱼在逃离方向的选择上总是会采取既能观察到捕食鱼, 又能远离捕食鱼而可能使逃生行为成功, 其与捕食鱼之间形成的相对角度为 150°。

即便我们关注的是鱼群的行为，但我们尽可能从与实验观察结果相一致的鱼的个体行为入手，使鱼的个体无论处于怎样的情况都有其行为依据。在没有捕食鱼的环境下，鱼的个体仅执行模仿行为和碰撞回避行为，而一旦出现了捕食鱼，除了需要进行上述两种基本行为，还要进行逃生行为。根据实际情况，鱼或者采取两种基本行为，或者采取三种基本行为，且分配于这些基本行为的比例表示出鱼个体对某种基本行为的偏重。由合理的个体行为所反映出来的个体之间的相互作用决定了群体的行为，那么究竟会有怎样的群体行为出现，让我们一起关注下一部分。

第一部分 结语

我们有很多个以鱼的秩序性群体行为为研究对象的理由，而研究鸟类的秩序性群体行为或其他动物的秩序性群体行为的学者也能举出很多选择鸟类或其他动物为研究对象的理由。无论选择什么，选择谁，要做的都是通过具体而生动的对行为进行研究来发现秩序性群体行为的生成机制，并寻找动物进行秩序性群体行为的原因。以鱼的感知觉能力为基础，构建个体的行为模型，通过计算机模拟其行为，进而模拟整个群体的行为，可能会观察到更丰富的细节，发现更丰富的结果，而这些事实和结果中很可能包括了所有类似的群体行为中的共性。

第二部分

如何生成并维持秩序性群体行为

第一部分介绍了几种典型的群体行为，包括鸟与鱼的群体行为，并对它们的共性进行了简单分析。采用一般的物理社会学方法，将个体抽象为粒子，再通过动力学建模进行研究，似乎是一条可行之路，有可能获得很多不同种类的群体行为的共性。然而，这样的方式所获得的共性对带有细节的特定种类的群体行为有多少解释度，并不容易做出判断，因此，对一种更加接近真实情况的群体行为进行系统而深入的研究，此后再通过对比分析的方法对其他群体的行为进行解释或预测，不失为一种可行的尝试。

第5章 生成秩序性群体行为的个体行为决策模型

鱼的秩序性群体行为是指鱼群中的个体在运动方向上表现出一定的规律性，并且鱼与鱼之间较少发生碰撞的行为。最优秩序性群体行为则是运动方向上规律性最强、发生碰撞次数最少的行为，此时的鱼群看上去俨然如一个可自由发生形变、各部分相从相随的生物整体，这样的群体当中，每一个个体看上去都普普通通，却在不知什么时候都可以引领鱼群下一时刻的运动方向。

5.1 鱼的秩序性群体行为研究的第一个问题

鱼群是一个特殊的群体，此前我们已经多次提及，鱼群中的个体之间不存在地位的高下之分，它们甚至在体长上都大体相同，因此，自然也就不存在控制整个鱼群行为的领头之鱼。不仅如此，由于鱼所在的水下环境，以及每一条鱼的周围都有很多其他个体，加之感觉器官 (眼睛和侧线) 的能力所限，鱼群中的鱼无法获得整个鱼群的全部信息。即便如此，作为秩序性群体行为的特征，即使是几千万条鱼组成的鱼群，通过个体间的相互作用，也能形成鱼群整体的秩序性。

关于鱼的秩序性群体行为，一些理论研究和实验观察[7,20,32]工作已经做得非常好。理论研究采用牛顿动力学方法或个体决策等方法呈现了该行为，而实验观察则在鱼的秩序性群体行为的一些细节问题上做了大量工作。因此，关于鱼的秩序性群体行为，我们并非一无所知。但关于秩序性群体行为的生成机制，仍有不明确之处，而这正是我们要研究的。当然，我们的工作离不开前人工作的成果，尤其对于个体决策模型中的每一条鱼，其行为规则的确立都如第 4 章中陈述的，具有一定的实际意义，有足够的研究结果支持。

5.2　鱼的秩序性群体行为模型

5.2.1　鱼如何决定其个体行为

无论群居还是独居，鱼时时刻刻要决定自己的运动方向。生活在鱼群中的鱼与独来独往的鱼的最大区别就是鱼群中的每一条鱼都愿意留在鱼群里。尽管我们暂时可以不去过问为什么它们如此钟爱自己所在的群体，但我们非常清楚它们需要留在鱼群之中。那么到底怎样才能留在鱼群里，而不至于成为水域中单枪匹马的勇士？在我们的模型中，鱼的个体行为决策以下述三个基本原则为前提：①鱼群中所有个体地位相同，即不存在领头之鱼；②每一条鱼均无法获得鱼群的整体信息；③每一时刻鱼根据其所获得的信息决定下一时刻自己的运动方向和运动速度。与此同时，我们认为对近邻鱼的模仿行为和与周围其他鱼的碰撞回避行为是产生鱼的秩序性群体行为在个体行为层面上非常重要的两个基本要素，这两个基本行为的重要性已经得到对鱼群进行的观察研究的证实[12,20]。鱼与它周围的个体并行游动，并且在距离稍远时趋近近邻之鱼的行为，我们把它看作是对近邻之鱼行为的模仿，因此称为模仿行为。同时，还必须考虑鱼之间避免发生碰撞的碰撞回避行为。

本模型中，鱼同时利用两个感觉器官 —— 眼睛和侧线收集身体周围的信息，并利用该信息决定下一时刻的运动方向。第 4 章已经做过介绍，这两个器官的使用有其实验依据[32]。鱼的模仿行为根据其所获得的视觉信息进行，这一因素的考虑使鱼群中的个体所选择的模仿对象一定在其视野范围之内，既不能超出鱼的可视距离，又不能出现在死角。很显然，任何一种动物都不会无视众多的备选，而去冒险选择一个自己看不到的目标作为模仿对象。碰撞回避行为则根据鱼利用自己身体的侧线所获得的信息进行。只要有其他个体进入自己的碰撞回避区域，即便出现在死角，鱼也可以通过水流或水压的变化判断出该个体存在的位置，并采取相应的躲避行为。

5.2.2 鱼的相互作用区域

为了方便计算，本模型假定鱼在无边界条件的二维平面中运动。根据 Aoki 模型 [21]，每一条鱼的周围存在四个相互作用区域，当其他鱼出现在不同的相互作用区域时，它们之间的相互作用不同。这四个区域的分布如图 5.1 所示，它们分别是碰撞回避区域、并行区域、吸引区域和视野外区域。相应地，当有其他鱼进入碰撞回避区域时，鱼采取碰撞回避行为；当其他鱼出现在并行区域或者吸引区域时，鱼将从中选择一条目标鱼进行模仿行为；当其他鱼出现在视野外区域时，则不影响鱼的当前行为。各区域的具体范围与 Aoki 模型中的参数相同，与 Aoki 模型最大的不同在于碰撞回避区域的范围。在 Aoki 模型中，碰撞回避区域不包括死角，即如果有其他鱼进入死角，就不存在相互作用。但在本模型中，即便其他鱼出现在死角，如果出现在碰撞回避区域之内，也就是与目标鱼之间的距离足够小，仍然可以判断出鱼的位置，换言之，本模型中的碰撞回避区域是以鱼为圆心的圆形区域。如前所述，这是因为鱼同时利用视觉和侧线搜集其身体周围的信息。当有其他鱼来到其身体周围的一定范围内时，即便出现在死角区，视觉无法发挥作用，但通过侧线仍可以感知水流以及水压的变化，从而确定趋近鱼的位置。四个区域的范围由下列各式所决定。

碰撞回避区域：　$0.0BL < r_{ij} \leqslant 0.5BL$。

并行区域：　$0.5BL < r_{ij} \leqslant 2.0BL$。

吸引区域：　$2.0BL < r_{ij} \leqslant 5.0BL$。

视野外区域：　$5.0BL < r_{ij}$。

式中，BL 是鱼身体的长度；r_{ij} 是鱼 i 和 j 之间的距离。

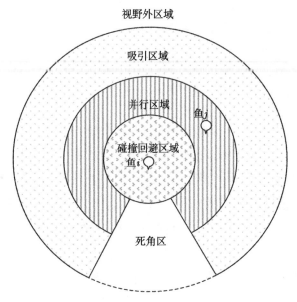

图 5.1　鱼的相互作用区域

5.2.3　鱼的模仿行为

本模型中，对于群体中的鱼，模仿行为是其必须进行的基本行为之一。鱼群当中的任何一条鱼，当有其他鱼出现在自己的并行区域或吸引区域时，就要按照一定的规则从那些鱼中选择一条作为目标鱼，并采取相应的模仿行为。当视野范围内未出现任何鱼时，鱼会改变自己的运动方向而进行搜索，直到视野中出现目标鱼。具体而言，鱼的个体会根据下述程序采取模仿行为。

(1) 鱼 i 在其运动方向的左右 130° 范围内随机选择一个方向。

(2) 以 (1) 中所确定方向的左右 20° 范围内最近的鱼为模仿对象。如果该范围内没有鱼，则重复进行 (1) 所描述的行为。

(3) 将被选择的鱼，即目标鱼标记为 j，根据鱼 j 出现在鱼 i 的区域，鱼 i 采取不同的行为。当鱼 j 出现在并行区域或吸引区域时，鱼 i 采取模仿行为，其运动方向的选取规则与 Aoki 模型中所采用的相同。当鱼 j 出现在并行区域时，鱼 i 下一时刻的运动方向与鱼 j 的运动方向一致。变更后的方向由下面的公式表示：

$$\beta_i^{\mathrm{AL}}(t + \Delta t) = \alpha_j(t) \tag{5.1}$$

当鱼 j 出现在吸引区域时，鱼 i 趋近鱼 j，以便进一步采取模仿行为。这种情况下，鱼的下一时刻的运动方向由下列公式表示：

$$\beta_i^{\mathrm{AL}}(t + \Delta t) = \arccos \frac{x_j(t) - x_i(t)}{\sqrt{(x_j(t) - x_i(t))^2 + (y_j(t) - y_i(t))^2}} \tag{5.2}$$

式中，$x_k(t)$ 和 $y_k(t)(k = i, j)$ 是鱼 k 在 t 时刻的坐标。

(4) 当鱼的并行区域和吸引区域中未出现任何鱼时，鱼将随机改变自己的运动方向，搜索其模仿对象。

$$\beta_i^{\mathrm{AL}}(t + \Delta t) = \alpha_i(t) + \theta_{\mathrm{SR}}(t) \tag{5.3}$$

式中，$\theta_{\mathrm{SR}}(t)$ 是 $-45° \sim 45°$ 的随机数。

5.2.4 鱼的碰撞回避行为

作为鱼群中的个体，模仿行为是必须要采取的，与此同时，碰撞回避行为也是必须要进行的。前者是为了使自己不脱离群体，而后者则是为了减少碰撞所带来的伤害。本模型中为了避免相互碰撞，鱼在下一时刻运动方向的决定方式与 Aoki 模型不同。Aoki 模型中的碰撞回避区域不考虑死角，也就是即便与其他鱼距离再近，只要不是视线所及，就不会有相互作用。与 Aoki 模型不同的是，只要鱼进入碰撞回避区域，即便是在死角，由于鱼拥有另一个重要的

感觉器官 —— 侧线,只要距离足够近都会被感知到,鱼就会采取相应的回避行为。在只考虑碰撞回避行为时,鱼在下一时刻的运动方向由公式 (5.4) 表示:

$$\beta_i^{\mathrm{AV}}(t + \Delta t) = \frac{1}{N_{\mathrm{av}}} \sum_{j=1}^{N_{\mathrm{av}}} \theta_{ij}(t) + 180° \tag{5.4}$$

式中,N_{av} 是碰撞回避区域里的鱼的数目;$\theta_{ij}(t)$ 是 t 时刻从鱼 i 到鱼 j 的方向。由公式可知,碰撞回避行为并不像模仿行为那样,每一时刻只有一条鱼作为目标鱼,这是因为凡是进入碰撞回避区域的就可以被同时感知,鱼的碰撞回避行为可以将所有存在于碰撞回避区域的鱼都考虑进来。

当鱼的碰撞回避区域中一条鱼都没有时,也就是 $N_{\mathrm{av}} = 0$ 的情况下,鱼维持自己原有的运动方向,即

$$\beta_i^{\mathrm{AV}}(t + \Delta t) = \alpha_i(t) \tag{5.5}$$

5.3　鱼的运动方向、速度的决定及位置

通过第 3 章的介绍,大家一定已经认识到了牛顿力学模型和个体决策模型的区别。个体决策模型中的个体被赋予了感知觉的能力,甚至还被赋予了决策能力,而这些能力使得其行为具有了生物性,而不再是一个冰冷的物理粒子在牛顿力学的驱使下发生位移。这样的一个生命体,可根据其所处环境 (这里指与周围鱼的距离和运动方向的差异) 来决定自己的行为,而它们所形成的群体行为可以被期待为更加接近真实鱼群的行为。

5.3.1　运动方向

鱼的个体行为中最重要的是运动方向的决定。本模型中,不存在被捕食危险的情况下,当一条群居之鱼的周围存在其他鱼时,它

会根据自己与其他鱼之间的距离决定其运动方向。如果距离过近，
以至于可能发生碰撞，它需要采取碰撞回避行为；如果与目标鱼之
间的距离过远，它会趋近目标鱼；而当与目标鱼之间的距离不近不
远时，它会采取与目标鱼相同的运动方向。如果对上述影响运动的
行为进行分类，可以将趋近和同向并行游动归为一类，而碰撞回避
行为则归为另一类，对同一条鱼而言，这两种行为可以出现在同一
时刻。鱼既不可能只顾及寻找目标鱼并去趋近或与其同向而行而不
顾及是否与其他鱼发生碰撞，也不可能只小心防范着与其他鱼之间
发生碰撞而一味躲闪却不顾及模仿行为。因此，这两种行为缺一不
可。

在我们关于鱼的秩序性群体行为的研究在 *Journal of Theoret-
ical Biology* 上发表之前 [34]，鱼的个体决策模型当中，尚未有模型
同时考虑不与群分离的作用以及个体间的碰撞回避作用。在以往的
模型中，某一时刻，鱼所关注的对象如果与自己离得太近就远离它，
如果太远，就靠近它。从前面的介绍中可知，实际上鱼可以同时采
取不同目的的行为，因此，在考虑不与群脱离的行为的同时考虑碰
撞回避行为来决定适当的运动方向的决定机制是合理而可取的。至
此，我们的模型中的鱼可以同时做到既关注所在的鱼群，使自己不
至于脱离鱼群，又关注其自身周围的局域信息，使自己避免与身体
周围的鱼发生碰撞，并采取相应的行为。后续我们依照此模型进行
的计算机模拟结果可以让大家清晰地了解到，进行这样的行为决定
的个体，或是一条条鱼，只要满足可以出现在一定空间范围内的初
始条件，就可以生成稳定的群体行为。不仅如此，这一模型还可以
扩展到鱼所处的境况变得更加复杂的情况，比如，在鱼群受到捕食
鱼的攻击而使群处于不安定的状况时，每条鱼除了可以同时考虑模
仿行为和碰撞回避行为，还可以同时考虑远离捕食鱼的逃生行为，
这样的一种行为决定方式，既符合真实鱼的行为决定方式，又使模
型具有更强的泛用性。关于将鱼的行为向存在捕食鱼攻击的情况下

的扩展,将在第 9 章进行详细阐述。更为重要的,鱼群中的鱼可以根据自己所处的环境而对同时采取的各种基本行为进行比例调整,这也许就是它们的行为战略。我们非常关心的一件事就是,个体这样的行为战略会带来怎样的鱼的群体行为的变化。

至此,在不存在任何危险的情况下,鱼的运动方向由模仿行为和碰撞回避行为共同决定,但这两种行为的比例各占多少合适? 或者说,鱼的个体应该更看重模仿行为,还是更看重碰撞回避行为,或者说这两种基本行为对于鱼的个体而言同等重要? 我们采用行为系数来表示这两种基本行为在决定最终行为时所占的比例。实际上,每一条鱼都有其个性,即便它们所处的状况相同,但对两种基本行为的重视程度也可能会略有不同。为了集中考察我们前面提到的问题,本模型中进行了一定的简化处理,假定鱼群中所有的鱼,如果处于同样的状况,它们会采取同样的行为,也就是假定所有的鱼采用相同的行为比例。当然,这样的简化是可行的。构成群体的个体的神经系统越发达,在不存在外界约束的条件下,即便所处状况相同,所采取的行为也会多样化,鱼的神经系统较灵长类动物的神经系统简单,因此,有理由认为,即便存在个体差异,鱼在对相同状况下的行为决定上也不会过大。于是,在我们的模型当中,每一条鱼的运动方向的决定遵循下面的公式:

$$\alpha_i(t + \Delta t) = \alpha_i(t) + \gamma_{\mathrm{AL}} D_{\mathrm{ev}}(\beta_i^{\mathrm{AL}}(t + \Delta t) - \alpha_i(t))$$
$$+ \gamma_{\mathrm{AV}} D_{\mathrm{ev}}(\beta_i^{\mathrm{AV}}(t + \Delta t) - \alpha_i(t)) \tag{5.6}$$

式中,γ_{AL} 和 γ_{AV} 分别是模仿行为和碰撞回避行为对最终运动方向的贡献系数。由于在不存在任何危险的情况下,鱼的个体行为只包括两种,因此,这两种基本行为系数 γ_{AL} 和 γ_{AV} 需要满足 $\gamma_{\mathrm{AL}} + \gamma_{\mathrm{AV}} = 1$ 的条件。当 γ_{AL} 大于 γ_{AV} 时,表明鱼更加侧重于模仿行为,反之,表明鱼更加侧重于碰撞回避行为,并且 $D_{\mathrm{ev}}(x)$ 由公

式 (5.7) 决定:

$$D_{ev}(x) = \begin{cases} x & (|x| \leqslant 180°) \\ x \pm 360° & (|x| \geqslant 180°) \end{cases} \tag{5.7}$$

5.3.2 游动速度

基于观察实验的结果, Aoki 模型假定鱼群中各条鱼的游动速度满足 Gamma 分布 [21]。本模型沿用此假设, Gamma 分布见公式 (5.8):

$$P_{sp}(v) = \frac{A^K}{\Gamma(K)} \exp(-Av)v^{K-1} \tag{5.8}$$

式中, v 是以鱼的体长 BL/s 为单位的速度; $\Gamma(K)$ 是 Gamma 函数; 其中 K 和 A 是常数, $K = 4$, $A = 3.3$。鱼的平均速度以 v_{av} 来表示。本模型中假定每条鱼拥有同样的平均速度 1.2BL/s。如此取值的依据是鱼群基本由体长均一的鱼组成, 它们在游动能力上不存在大的差异。

5.3.3 所在位置

鱼 i 在 t 时刻的运动速度和运动方向分别是 $v_i(t)$ 和 $\alpha_i(t)$, Δt 后鱼 i 的位置见公式 (5.9) 和 (5.10):

$$x_i(t + \Delta t) = x_i(t) + \Delta t \cdot v_i(t + \Delta t) \cos \alpha_i(t + \Delta t) \tag{5.9}$$

$$y_i(t + \Delta t) = y_i(t) + \Delta t \cdot v_i(t + \Delta t) \sin \alpha_i(t + \Delta t) \tag{5.10}$$

鱼的运动方向由其根据周围环境信息而采取的行为所决定, 速度满足 Gamma 分布, 而每时每刻其所在的位置则根据运动方向和速度算出。其中, 鱼的运动方向以及鱼的位置在一段时间内的变化最终可以直接用于进行鱼的群体行为分析。至此为止, 本书专注于鱼个体行为的描述, 模型中的个体更加接近生物的、真实的鱼, 群体行为也就更加接近真实的群体行为。从个体到群体，我们要寻找的是群体行为的生成机制，并且是一个接近真实的、秩序性群体行为的生成机制。

第6章 鱼的秩序性群体行为的 评价变量

在我们的模型中，每一条鱼在某一时刻具有确定的运动方向、运动速度和位置，从而实现鱼鱼有别，最重要的，群体行为也因此可被观察与测量。接下来要考虑的就是选取变量以评估群体行为秩序性的高低。

关于秩序性群体行为的评价，在我们的研究之前，并没有其他研究提出鱼的秩序性群体行为评价标准。实际上这样的评价是无法通过一个变量来进行的，需要对鱼群进行多方面的考察。因此，我们提出以下四个变量对鱼的秩序性群体行为进行综合性评价。

6.1 鱼群的极性 $\eta_p(t)$

有序群是一个由多数个体组成，但拥有群整体行进方向的群体。有序群与杂聚群最大的区别在于，组成鱼群的个体之间在运动方向上是否具有一定的一致性。因此，我们认为某一时刻鱼群中所有鱼的个体在运动方向上是否一致是评价鱼群运动是否是秩序性群体行为的重要指标。本书采用 Huth 和 Wissel[22] 的相对误差的平均值定义鱼群的极性。

$$\eta_p(t) = \frac{1}{N_{\text{fish}}} \sum_{i=1}^{N_{\text{fish}}} \angle(\boldsymbol{v}_i^0(t),\ \boldsymbol{v}_{av}(t)) \tag{6.1}$$

$$\boldsymbol{v}_{\mathrm{av}}(t) = \sum_{i=1}^{N_{\mathrm{fish}}} \boldsymbol{v}_i^0(t) \tag{6.2}$$

式中，N_{fish} 是鱼群中鱼个体的总数；$\boldsymbol{v}_i^0(t)$ 是鱼 i 在 t 时刻的运动方向；$\boldsymbol{v}_{\mathrm{av}}(t)$ 是鱼群的运动方向；$\angle(\boldsymbol{a},\boldsymbol{b})$ 是方向 $\boldsymbol{a}$ 和方向 $\boldsymbol{b}$ 之间形成的夹角。由此公式可知，鱼群的极性 $\eta_p(t)$ 是随时间变动的函数，我们取 $\eta_p(t)$ 在一定时间范围 (T) 内的平均值作为秩序性群体行为的一个评价指标。采用 $\eta_p(t)$ 的平均值作为评价指标的理由是，本研究所关注的是在不同的模仿行为系数的情况下，鱼群定向游动之间的定性差异，因此每时每刻的动态数值之间的比较并没有太大的意义。当然除了采用平均值的方法，还可以采用不同于 $\eta_p(t)$ 的变量，如采用标准偏差来进行评价，在鱼群运动方向的定性描述上，也能得到同样的结果。从定义的公式中可以看出，当 $\eta_p = 0°$ 时，鱼群的极性最好，这是因为这一数值说明了鱼群中的各条鱼与鱼群整体运动方向之间的偏离最小；当 $\eta_p = 90°$ 时，极性最差，这是因为这一数值说明了鱼群没有统一的运动方向。

实际上，$\eta_p(t)$ 这个变量在鱼群的行进中并非是固定值，而是在某一固定值附近呈现持续振动的变动的数值。为了解析具有这样的时间特性的 $\eta_p(t)$，我们计算了它的功率谱 $S_P(\omega)$，并对 $\eta_p(t)$ 的变动进行了分析。

$$S_P(\omega) = \frac{1}{T} \left| \int_0^T \mathrm{e}^{\mathrm{i}\omega t} \eta_p(t) \mathrm{d}t \right|^2 \tag{6.3}$$

式中，ω 是角频率。

6.2   平均最近邻距离 $\eta_{\mathrm{NND}}(t)$

鱼群中的鱼在与其他鱼一起游动时，为了不妨碍自己的游动，需要与其他鱼保持一定的距离 [7,12,20]。这样的结果，实际上确保了各条鱼与其他鱼的相对位置。如果鱼群之中的鱼之间的平均距离过大，会导致鱼群过于松散而容易溃散；平均距离过小，则会使鱼群密度过大，成为鱼群的不稳定因素，这是因为当鱼群密度过大时，如果我们把视线集中在一条鱼身上，就会看到这条鱼时而接近其他鱼，时而远离其他鱼，如此反复，造成了鱼群的不稳定。在我们的模型中，鱼在鱼群中所占有的空间以该鱼与鱼群中其他鱼的平均最近邻距离来表示，具体计算如公式 (6.4) 所示：

$$\eta_{\text{NND}}(t) = \frac{1}{N_{\text{fish}}} \sum_{i=1}^{N_{\text{fish}}} r_{i,nn}(t) \tag{6.4}$$

式中，$r_{i,nn}(t)$ 是 t 时刻从鱼 i 到其最近的鱼之间的距离。

6.3 鱼群所占据的空间大小 $\eta_{EX}(t)$

整个鱼群所占据的空间也是评价鱼的秩序性群体行为的重要指标。鱼群的空间分布 $\eta_{EX}(t)$ 是由 Huth 和 Wissel[23] 定义的：

$$\eta_{EX}(t) = \frac{1}{N_{\text{fish}}} \sum_{i=1}^{N_{\text{fish}}} \sqrt{(x_i(t) - x_{\text{av}}(t))^2 + (y_i(t) - y_{\text{av}}(t))^2} \tag{6.5}$$

式中，$x_{\text{av}}(t)$ 和 $y_{\text{av}}(t)$ 分别是每条鱼的空间坐标 $x_i(t)$ 和 $y_i(t)$ ($i = 1 \sim N_{\text{fish}}$) 的平均值。由公式可知，$\eta_{EX}(t)$ 表达了一个鱼群从鱼群中心起至群中所有成员的距离的平均值，这个平均值越大，表明鱼群越分散，而它越小，表明鱼群越集中。这一变量与其他变量一起作为秩序性群体行为的评价指标，共同评价鱼群的秩序性。

6.4 碰撞频率 η_{CF}

一定时间范围内鱼与近邻鱼碰撞的次数是评价鱼群中的成员是否成功相互躲避而未发生碰撞的重要指标。一旦发生碰撞，对鱼本身而言无疑是重创，其危害还不仅于此，整个鱼群在运动方向上的一致性也会受到影响。在我们的模拟中每条鱼有其大小，其大小以 0.3BL 为直径的圆所表示，当两条鱼之间的距离小于 0.3BL 时，便被定义为发生了碰撞。

将群中所有的鱼在一定时间内发生碰撞的平均值定义为碰撞频率，同前面介绍的三个变量一起作为鱼群的秩序性群体行为的评价指标。碰撞频率根据下面的公式进行计算：

$$\eta_{CF} = \frac{1}{N_{fish}} \sum_{i=1}^{N_{fish}} \frac{1}{T} \int_0^T N_{coll}(i, t) \mathrm{d}t \tag{0.0}$$

式中，$N_{coll}(i, t)$ 是时间 $\mathrm{d}t$ 范围内与鱼 i 的距离小于 0.3BL 的鱼的数量，也就是与鱼 i 发生碰撞的次数。

6.5　四个评价变量的重要性分析

前面介绍了四个评价变量，它们分别是鱼群的极性、平均最近邻距离、鱼群所占据的空间大小和碰撞频率。这四个变量并非相互独立，但又不完全相同。其中最为重要的是鱼群的极性与碰撞频率。极性越接近 0°，鱼群中的个体之间在运动方向上的一致性越好；越接近 90°，一致性越差。碰撞频率越低，鱼群的秩序性越强，反之，秩序性越弱。从鱼群所占据的空间大小和平均最近邻距离无法判断鱼群是否在进行秩序性群体行为，只能结合鱼群的极性与碰撞频率，共同评价鱼群的秩序性群体行为。当然，它们随时间的变化可以提供群体行为的变化信息。

第7章 鱼的秩序性群体行为生成的计算机模拟

7.1 计算机模拟的实验条件

在后续所有的计算机模拟实验中，鱼所存在的空间是一个无边界的二维空间。各实验中所采用的模拟的初始状态是个体随机分布在一个 4.5BL×4.5BL 的正方形范围内，这些鱼的速度大小满足以 1.2BL/s 为平均值的 Gamma 分布，所有鱼的初始运动方向也在 0° ~ 360° 范围内随机而定。

7.2 鱼的模仿行为在鱼群形成中的作用

我们的第一个计算机模拟所要考察的问题是鱼的模仿行为对鱼群形成具有怎样的作用。在这部分模拟当中，鱼的模仿行为系数 γ_{AL} 被赋予了 0.0~1.0 的数值，而我们要考察的就是当模仿行为系数在此范围内变动时，在一定的空间范围内被随机赋予了初始空间位置、初始朝向，以及满足 Gamma 分布的初始运动速度的一定数量的鱼，它们是可以形成鱼群，还是四散而去而无法成为一个群体。为了考察鱼群规模的影响，我们分别采用了 10、20、30 和 40 作为计算机模拟实验中鱼群中鱼的数量。

结果如图 7.1 所示。图中呈现了模拟的时间范围为从 $t = 0$ 到

$t = 5000$ 内形成鱼群的概率与每一条鱼的模仿行为系数之间的关系。如图所示，当鱼个体的模仿行为系数大于 0.3 时，鱼形成鱼群而不发生分裂的概率为 90% 以上，相反，如果鱼个体的模仿行为系数小于 0.3，初始分布在一定空间范围内的鱼还是会分裂为几个小的群体。计算机模拟实验的结果表明，只要不是初始分布密度过低，鱼群分裂的状况是不依赖初始条件的，但如果初始分布时鱼个体间的距离超出了相互作用的范围，则无法形成鱼群。

　　图 7.1 中也展示了鱼群形成的概率与鱼群规模之间的关系。随着鱼个体数量的增加，鱼群形成的概率降低，鱼群形成的概率对鱼个体数量的依存性会随着鱼数量的增加而降低。由图可知，拥有 30 条鱼以上的鱼群为了使鱼群不分裂的概率达到接近 100%，鱼个体的模仿行为系数 γ_{AL} 需要满足大于 0.6 的条件。

　　将鱼群不分裂的概率作为第一个变量，用于衡量鱼形成鱼群的能力。目前为止，我们还只是衡量鱼形成鱼群的能力，并未关注所形成的鱼群是有序群还是杂聚群，所进行的群体行为是否是秩序性群体行为。因此，所形成的鱼群中鱼的个体之间仅仅在距离上具有一定的关系，其在运动方向上彼此的关联尚未被考虑。

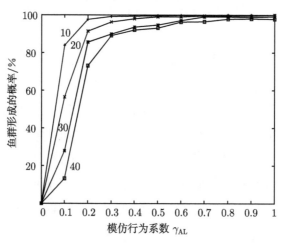

图 7.1　鱼群形成的概率与鱼的模仿行为系数的依存关系

7.3 鱼的秩序性群体行为评价变量

随时间的变化

从现在起, 我们不仅要关注鱼是否能够形成鱼群, 还要关注所形成的鱼群是否在进行秩序性群体行为。这部分的计算机模拟实验中, 鱼的模仿行为系数为 0.0~1.0, 评价变量则是此前介绍的四个变量。图 7.2 呈现的是鱼的个体数量为 30 条, 鱼的模仿行为系数 $\gamma_{AL} = 0.7$ 的情况下, 模拟的鱼群的快照。

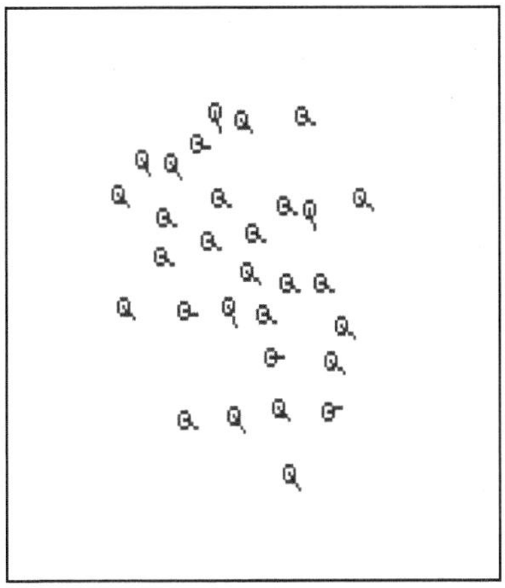

图 7.2 $\gamma_{AL} = 0.7, \gamma_{AV} = 0.3$ 时鱼的秩序性群体行为的快照

7.3.1 $\eta_p(t)$、$\eta_{NND}(t)$ 和 $\eta_{EX}(t)$ 随时间的变化

图 7.3、图 7.4 以及图 7.5 分别是 $\gamma_{AL} = 0.7$ 的情况下鱼群的极性 $\eta_p(t)$, 平均最近邻距离 $\eta_{NND}(t)$, 以及鱼群所占据的空间大小 $\eta_{EX}(t)$ 随时间的变化。

由这些图可见, 鱼群的极性 $\eta_p(t)$、平均最近邻距离 $\eta_{NND}(t)$ 以及群所占据的空间大小 $\eta_{EX}(t)$ 随时间在一定的数值范围内变动, 这显示了群的动态变化。这些量的变动表明,在没有特定的领头之鱼的鱼群里,鱼群的行进方向一旦发生变化,鱼群中其他的鱼将会在一定的时间延迟之后改变其方向,鱼群也因此而时时刻刻在方向、鱼个体之间的距离以及形状上发生改变。

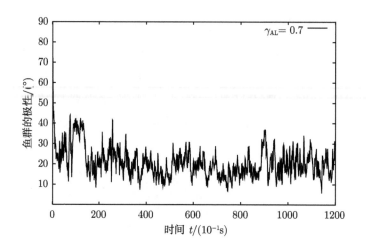

图 7.3　鱼的秩序性群体行为中鱼群的极性随时间的变化

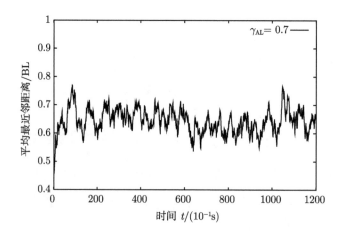

图 7.4　鱼的秩序性群体行为中平均最近邻距离随时间的变化

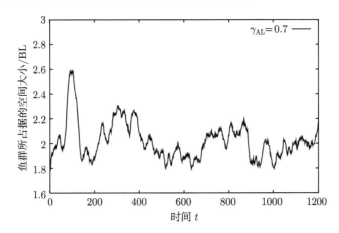

图 7.5　鱼的秩序性群体行为中鱼群所占据的空间大小随时间的变化

7.3.2　$\eta_p(t)$、$\eta_{\mathrm{NND}}(t)$ 和 $\eta_{\mathrm{EX}}(t)$ 的时间平均值及 η_{CF} 与 γ_{AL} 的依存关系

为了考察鱼的秩序性群体行为中鱼个体的模仿行为的效果，鱼个体的模仿行为系数 γ_{AL} 在 0.1~1.0 赋值，计算 $\eta_p(t)$、$\eta_{\mathrm{NND}}(t)$ 和 $\eta_{\mathrm{EX}}(t)$ 的时间平均值，并计算 η_{CF}。为了同时考察鱼群规模的影响，鱼群中鱼的个体数量分别采用了 10、20、30 和 40 四个数值。图 7.6 显示，鱼群极性的平均值 $\overline{\eta_p}$ 随着鱼个体的模仿行为系数 γ_{AL} 的增加而降低，这表明鱼个体间并行游动的概率随着模仿行为系数的增加而升高。当模仿行为系数大于 0.3 时，鱼群的极性与 Huth 和 Wissel[22] 的研究结果相一致。在 $\gamma_{\mathrm{AL}} \leqslant 0.2$ 的情况下，鱼群的极性较差，相互之间具有一定的空间位置关系的个体有着不同的运动方向，并且因相互之间的模仿行为较弱而无法维持在一定的空间范围内，进而四散而去。从图中还可以看出，鱼群极性的平均值随着鱼个体数量的增加而变差，其原因是某一时刻鱼群中某条鱼随机改变了自己的运动方向，而其他鱼则追随该鱼改变了自己的运动方向。随着鱼群中个体数量的增加，追随某条鱼将自己的运动

方向向鱼群的新运动方向进行调整需要更长的时间。不过，$\overline{\eta_p}$ 对 N_{fish} 的依存性随着个体数量 N_{fish} 的增加而减弱。关于这一结果产生的原因，需要进一步考察鱼变更运动方向延迟的时间和空间的相关性。

图 7.7 展示了平均最近邻距离的平均值 $\overline{\eta_{NND}}$ 同鱼个体的模仿行为系数 γ_{AL} 之间的关系。鱼个体的模仿行为系数 γ_{AL} 越大，鱼与鱼之间的平均最近邻距离的平均值 $\overline{\eta_{NND}}$ 越小。这是由于鱼所采取的碰撞回避行为的比例减少。除此之外，我们还发现，当鱼个体的模仿行为系数 γ_{AL} 在从 0.1～0.9 取值时，鱼与鱼之间的平均最近邻距离的平均值 $\overline{\eta_{NND}}$ 为 0.5BL～1.0BL，既不过密也不过疏，计算机模拟实验中鱼群的游动状况也显示，鱼群中鱼的个体间呈现了很好的并行游动。鱼群的平均最近邻距离的平均值 $\overline{\eta_{NND}}$ 随着鱼的数量 N_{fish} 的增加而减小，但对鱼数量的依存性随着鱼数 N_{fish} 的增加而减弱。

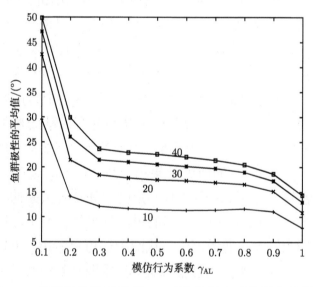

图 7.6　鱼群极性的平均值 $\overline{\eta_p}$ 对模仿行为系数的依赖关系

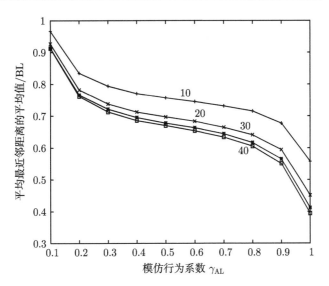

图 7.7 平均最近邻距离的平均值 $\overline{\eta_{\mathrm{NND}}}$ 与模仿行为系数之间的关系

图 7.8 展示了鱼群所占据的空间大小的平均值 $\overline{\eta_{\mathrm{EX}}}$ 与鱼个体的模仿行为系数 γ_{AL} 之间的关系。γ_{AL} 越大，鱼群所占据的空间大小的平均值 $\overline{\eta_{\mathrm{EX}}}$ 越小。每一条鱼的个体所进行的模仿行为的比例

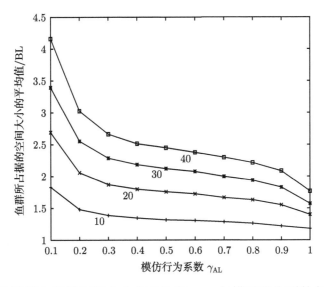

图 7.8 鱼群所占据的空间大小的平均值 $\overline{\eta_{\mathrm{EX}}}$ 与模仿行为系数之间的关系

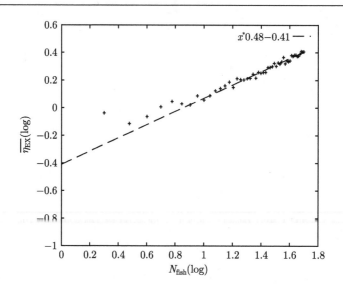

图 7.9　鱼群所占据的空间大小的平均值 $\overline{\eta_{\rm EX}}$ 与鱼个体数量之间的关系

越高，群就变得越紧密，也就不容易发生群的分裂。与此同时，我们还发现随着鱼群中鱼的数量的增加，鱼群所占据的空间大小的平均值 $\overline{\eta_{\rm EX}}$ 也随之增加。当鱼的个体数达到 10 以上时，鱼群所占据的空间大小的平均值 $\overline{\eta_{\rm EX}}$ 和构成鱼群的鱼的个体数量之间的关系如图 7.9 所示，可以表示成 $\overline{\eta_{\rm EX}} \sim N_{\rm fish}^{0.48}$。当鱼群的密度均一时，鱼群所占据的空间大小的平均值 $\overline{\eta_{\rm EX}}$ 与鱼个体数之间的关系成为 $\overline{\eta_{\rm EX}} \sim N_{\rm fish}^{0.5}$，而这 0.02 的差值是否有意义我们并未进行考察。

最后，我们对鱼的平均碰撞频率与鱼个体的模仿行为系数之间的关系进行了考察。图 7.10 显示，鱼的平均碰撞频率随着鱼个体的模仿行为系数 $\gamma_{\rm AL}$ 的增加而增大，特别是 $\gamma_{\rm AL}$ 大于 0.8 时，也就是鱼个体的碰撞回避行为系数小于 0.2 时，鱼的平均碰撞频率急剧增加。与前三个变量相同，随着鱼个体数量 $N_{\rm fish}$ 的增加，鱼之间的平均碰撞频率与鱼的数量 $N_{\rm fish}$ 之间的依赖关系减弱。

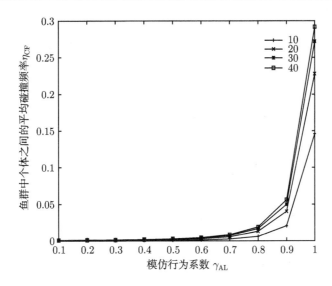

图 7.10 鱼群中个体之间的平均碰撞频率 η_{CF} 对模仿行为系数的
依赖关系

综合考察上述四个变量，我们发现，当鱼个体的模仿行为系数在 0.3~0.8 时，可以生成极性好、碰撞少的秩序性群体行为。如果考虑鱼群的稳定性，也就是群不分散的概率接近 100%，就需要考虑其必要条件，即模仿行为系数大于 0.6。因此，好的秩序性群体行为的产生需要鱼个体的模仿行为系数取值为 0.6~0.8，我们不妨称这样的秩序性群体行为为最优秩序性群体行为。

根据我们的模型进行的计算机模拟实验，尽管不存在统领整个鱼群的领头之鱼，并且每一条鱼只能获取其身体周围的局部信息，仅凭借模仿行为和碰撞回避行为按照适当的比例组合，就可以生成完美的秩序性群体行为。由于模型中每条鱼所采取的模仿行为和碰撞回避行为是一对互为拮抗的行为 (模仿行为使鱼接近目标鱼并在达到适当距离时与目标鱼的运动方向保持一致，而碰撞回避行为使鱼远离可能发生碰撞的鱼)，所以鱼与其他鱼之间进行的就是直接或间接的复杂相互作用，这样，对于鱼群整体而言，并不能保证一定会生成好的秩序性群体行为。当 γ_{AL} 在 0.7 附近取值时，可以生成最优秩序性群体行为。鱼与鱼之间只是简单地进行模仿行为，即与目标鱼进行相同的运动，就可以形成群体行为，再把鱼个体之间的碰撞回避行为也考虑进来，就可以生成秩序性群体行为。由简单的机制衍生出复杂的秩序性，这是自然界中神奇的、不可思议的地方。计算机模拟的结果表明，我们提出的模型很可能是鱼群以及鱼的秩序性群体行为形成的一种机制。

7.4　相互作用区域、鱼群速度分布的参数对鱼的秩序性群体行为的影响

尽管本模型中所采用的相互作用区域大小是根据 Aoki 的实验观测所获得的数据，但我们还是考察了当相互作用区域的大小发生变化时，鱼的秩序性群体行为是否也发生改变，以此来明确相互作用区域对鱼的秩序性群体行为的影响。由于并行区域是影响鱼群极性的重要因素，因此，我们首先改变了并行区域的大小，来考察其对鱼的秩序性群体行为的影响。

图 7.11~图 7.13 是并行区域的大小分别为 1.0BL、2.0BL 和 3.0BL 时群维持率、极性平均值以及碰撞频率与模仿行为系数之间的关系。

当把并行区域缩小到 1.0BL 时，群维持率得到提高，但群极性极度下降，这意味着鱼群失去了运动方向的一致性。随着并行区域的扩大，群的极性，即鱼群运动方向的一致性也会提高，但群的稳定性随之降低。

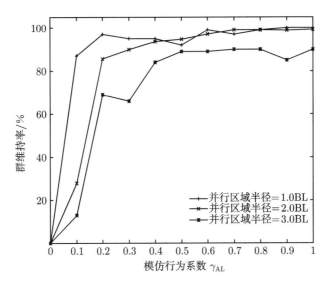

图 7.11 不同并行区域下群维持率与模仿行为系数 γ_{AL} 的关系

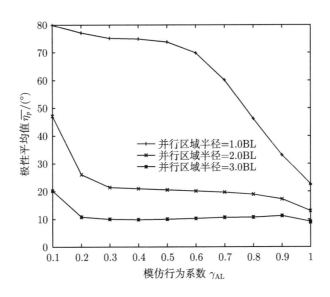

图 7.12 不同并行区域下极性平均值 $\overline{\eta_p}$ 与模仿行为系数 γ_{AL} 的关系

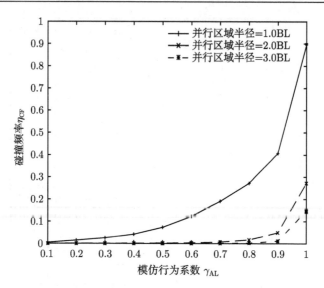

图 7.13　不同并行区域下碰撞频率 η_{CF} 与模仿行为系数 γ_{AL} 的关系

　　除了并行区域，我们还考察了吸引区域的大小对鱼的秩序性群体行为的影响。计算机模拟结果表明，当吸引区域缩小后，群维持率减小；而当吸引区域扩大后，群维持率提高，但吸引区域过大，极性就会变得稍差。

　　前述的计算机模拟中，鱼的游动速度采用了与 Aoki 模型相同的 Gamma 分布，当分布的分散程度不同时，鱼的秩序性群体行为并未发现明显的不同。但是，当分布的分散过大时，鱼群的极性变差，分散减小时，极性变好，但鱼群中鱼与鱼之间的相随性降低，反倒容易发生鱼群的溃散。

7.5　鱼的秩序性群体行为中的自组织临界性

　　自组织临界性[35] 是作为考察由很多成分构成的具有一定空间分布的动态系统的时空特性的有效指标被提出来的。各成分之间的相互作用可以创造出系统的秩序性，而这一相互作用，对于很小的外部扰动或噪声即可产生敏感的响应。这种情况下，系统向自组织化变迁的作用与增加对外界扰动的感受性的作用相制衡，系统即处于临界状态[35]。自组织临界状态在时间维度上的特征是系统在时间变化上具有 f^{-1} 的特性。Bak 等认为这个 f^{-1} 的特性并非仅仅是噪声的性质，而是反映了处于自组织临界状态的系统所固有的动态属性[35,36]。

由于鱼群可看成是通过多个个体间的相互作用而生成的系统，因此需要考察系统随时间变化的性质。我们用式 (6.3) 计算了 $S_X(\omega)(X = P, \text{NND}$ 和 $\text{EX})$。

图 7.14 呈现了 $\gamma_{\text{AL}} = 0.7$、$\gamma_{\text{AV}} = 0.3$ 的 $S_X(\omega)(X = P)$ 的结果。图中显示，功率谱可近似为 $\omega^{-\lambda}$，λ 约等于 1。由此可知，鱼的秩序性群体行为处于有自组织临界性的动态稳定状态。

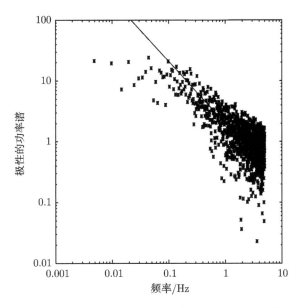

图 7.14 $\gamma_{\text{AL}} = 0.7$ 的情况下的极性 $\eta_p(t)$ 的幂律分布

为了考察功率谱指数 λ 随鱼的行为决定参数 γ_{AL} 如何发生变化，我们计算了 $\gamma_{\text{AL}} = 0.1$ 的状况下，功率谱指数 λ 的数值。结果展示于图 7.15 中，此时的 $\lambda = 1.37$。这一数值大于 $\gamma_{AL} = 0.7$ 时的 λ 的数值。这种情况下，鱼群分成几个小的群体，鱼的运动的影响只能在各个小群体内传递。也正因为如此，每一条鱼赋予整个鱼群的相随性 (柔软性) 丧失。

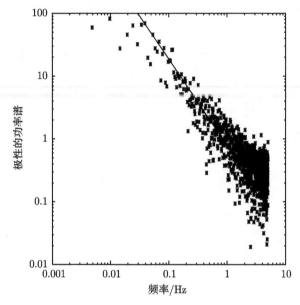

图 7.15 $\gamma_{AL} = 0.1$ 的情况下鱼群极性 $\eta_p(t)$ 的幂律分布

第8章 鱼的秩序性群体行为在外界扰动下的动态稳定性

进行秩序性群体行为的有序群,其常态下的稳定性已经有充分的保障,但当受到来自外界的扰动后是否仍然能够进行秩序性群体行为,更是我们需要关注的。如果能够证明即便经受各种不同类型的扰动,秩序性群体行为仍然能够得到迅速恢复,将更进一步证明秩序性群体行为的强大,也让我们领悟到弱小之鱼的智慧和强大。

8.1 外界扰动的形式

第 7 章中介绍了根据鱼的个体行为决策模型进行的鱼的秩序性群体行为的计算机模拟。需要时刻放在念头里的是,我们构建的是鱼的个体行为模型,但我们关注的是鱼的群体行为,更确切些是鱼的秩序性群体行为。从根据一定规则进行的个体行为到秩序性群体行为的生成,这是一个非常有趣也非常奇妙的过程。

研究结果显示,当鱼的个体模仿行为系数取值为 0.7 时,即便在初始条件为多条鱼随机分布于一个有限的空间,且每一条鱼的运动方向满足随机分布的情况下,仍然可以形成秩序性群体行为。本书中的秩序性群体行为是指鱼群中的个体之间不发生相互碰撞,且鱼群的个体间在运动方向上具有一定的规律性,使整个鱼群看上去宛如一个生物体进行运动的群体行为。

水下世界无遮无挡,也无时无刻不危机四伏,即便对看上去宛如一个庞然大物的鱼群也不例外，很可能随时随地会遭遇来自捕食鱼的突发攻击。面对这样的攻击，鱼的群体行为会发生怎样的变化，不得不令人关注。

在具体介绍这部分研究之前，先回顾一个重要概念——鱼群的稳定性。鱼群的稳定性是指一个鱼群维持为一个整体而不分裂成多个子群的能力。在第 5 章中，我们对一个基于个体的基本行为而形成的鱼群在没有受到任何外界扰动的情况下的稳定性进行了考察。该稳定性是指依据个体行为决策模型而形成的鱼群持续保持为一个鱼群整体的能力，我们用群分散率表示一个鱼群的稳定性，群分散率越大，鱼群的稳定性越弱，反之，鱼群的稳定性越强。在受到外界扰动时，鱼群的原有结构被破坏，其空间分布、极性、平均最近邻距离等数值均会与通常情况产生偏离，偏离程度与所受扰动的强弱程度相关，扰动越强，偏离越大。为了区别于无任何外界扰动情况下的鱼群的稳定性，我们将鱼群在受到外界扰动时的稳定性命名为动态稳定性。鱼群遭受外界扰动后，群体中某些个体周边的个体数量发生变化，鱼群的整体结构也会发生变化。所谓的动态是指从被破坏的状态恢复到原有状态的变化过程。在受到外界扰动的情况下，一个鱼群的稳定性则指在受到扰动后，表达鱼群结构的数值，如空间分布、极性、平均最近邻距离等，从偏离了的数值恢复到原有数值的能力。动态稳定性与未受任何外界扰动时的稳定性一起，涵盖了所有情况下鱼群维持个体间相互作用的稳定性。

以什么变量衡量鱼群的动态稳定性最为妥当？遭遇一定强度的外界扰动之后，鱼群从偏离状态恢复到原有状态需要时间，这个时间越短，表明鱼群的恢复能力越强，也就是动态稳定性越强。反之，则表明鱼群的恢复能力越弱。除此之外，鱼群能够恢复到原有状态的最大扰动的强弱也可以作为评价鱼群的动态稳定性的指标。鱼群的动态稳定性越强，其可恢复到原有状态的最大扰动越大，具体而言就是当一个鱼群遭遇强的 (或者大的) 扰动时，仍然能够恢复到原有状态。反之，鱼群的动态稳定性越弱，鱼群恢复到原有状态的最大扰动越小，换言之，就是鱼群只能在较小的扰动下才能够恢复到原有状态，一旦遇到稍强的扰动，鱼群就面临溃散。

上一章中通过对鱼群的极性 $\eta_p(t)$，平均最近邻距离 $\eta_{\mathrm{NND}}(t)$、鱼群的空间分布 $\eta_{\mathrm{EX}}(t)$ 的时间平均值以及群中鱼之间的碰撞频率 η_{CF} 这四个变量的综合评价，发现鱼个体的模仿行为系数在 0.6~0.8 时可生成良好的秩序性群体行为。

至于外界扰动，需要确定一些具体的扰动形式，通过将其施加给鱼群，观察受到扰动的鱼群的恢复情况。分裂 (图 8.1) 和发散 (图 8.2) 是鱼群在遭到捕食鱼攻击时经常出现的行为模式[7, 11]，因此，这部分研究中，我们选取分裂和发散作为向鱼群施加的两种外界扰动的形式，并进一步考察鱼群在发生分裂和发散之后恢复为一个鱼群整体的能力。发散一般出现在捕食鱼或其他外界扰动垂直于鱼群行进方向的情况。我们大都见到过池塘里的鱼群，尽管规模不是很大，但鱼群中的鱼彼此保持较合适的空间距离 (平均最近邻距离不大不小) 和较一致的运动方向。向鱼群中投下一颗石子，观察鱼群的反应，你所看到的就是鱼群的发散现象。鱼群中的鱼基本会以石子为圆心，沿着石子和自己身体连线的延长线方向逃离。鱼所

图 8.1　施加分裂型外界扰动时的鱼群快照

图 8.2   施加发散型外界扰动时的鱼群快照

选取的运动方向反应了动物的本能,是最能远离威胁刺激材料 (石子) 的。当然,如果投入的是一块面包,鱼都会聚拢而来,圆心也是投下的物体,只是因为投下的不是威胁性物体,而是具有很大诱惑力的食物,出于本能,鱼选择趋近食物,通过进食获取能量。

分裂一般是捕食鱼或外界扰动从平行于鱼群行进的平面对鱼群进行扰动时所产生的鱼群逃生行为模式。想象一下游动于大海中的鱼群,捕食鱼或者船只从其行进方向的正面突袭或者从后面追袭而来,鱼群基本上会被分裂为两个子群,而被分裂开来的两个子群之间有较大的空间距离。这是因为鱼在短时间内无法反应或无法迅速缩短彼此之间的距离,因此成为两个分裂开去的群体。

在计算机模拟中,我们采用一定的手段,将分裂和发散两种扰动施加给鱼群。分裂的施加方法是随机选取鱼群中的鱼,使其在数量上被等分为两组,并使这两组鱼同时向左右发生 $D_{ES}/2$ 的位移,使鱼群分裂为两个小组。D_{ES} 是分裂距离,此距离与扰动强弱相关,分裂距离越大,扰动越强,分裂距离越小,扰动越弱。图 8.1 是计算机模拟中处于分裂初始状态时鱼群的快照。发散的施加方法是使所有鱼沿着从鱼群中心指向自己的方向移动 D_{FE} 的距离，所有鱼的头的指向也是沿着从鱼群中心指向自己的方向，发散型扰动实际上造成了鱼群中的每一个个体都要远离鱼群中心，当然这是因为鱼群中心出现了威胁性刺激，这是在模拟捕食鱼或外界扰动突然出现于鱼群中央时的情形。图 8.2 是施加发散型扰动时的鱼群的初始状态的快照。

　　通过改变鱼个体的模仿行为系数 (实际上碰撞回避行为系数也发生了改变, 因为它们是共变关系), 观察鱼群对这两种外界扰动所产生的响应，从而考察鱼的群体行为在受到外界扰动时的稳定性。当然，我们最关心的仍然是进行秩序性群体行为的群和其他情况下的群在受到外界扰动时恢复能力上的差异。受到分裂和发散型扰动时鱼群中鱼的空间分布情况如图 8.1 和图 8.2 所示。

8.2　受到外界扰动时鱼群的动态稳定性的评价指标

　　为了考察鱼群的动态稳定性，我们定义了两个变量，它们分别是恢复时间和临界恢复距离。恢复时间是指鱼群在经历外界扰动 (分裂型或发散型扰动) 之后恢复到原有运动状态所需要的时间，是鱼群动态稳定性在时间维度上的评价指标。受到外界扰动后，鱼群的恢复时间越短，表明该鱼群的动态稳定性越强，反之，其动态稳定性越低。

　　关于恢复时间，在将其用于评估鱼群的动态稳定性时，考虑到鱼群是一个复杂的生物系统，这个系统具有一定的随机性，即便将 γ_{AL}、D_{ES} (或者 D_{FE}) 固定在某一个数值，每一次模拟所得到的恢复时间也不可能完全相同。为了能够更科学地反映鱼群的动态稳定性，我们对每一种条件 (γ_{AL}、D_{ES} (或者 D_{FE}) 的一组数值) 进行 10000 次模拟，根据这 10000 次模拟的结果绘制恢复时间的频率分布曲线，寻找分布的最大值，再确定与分布最大值相对应的恢复时间，以此作为鱼群的秩序性群体行为稳定性的评价指标之一。为了后续描述方便，我们将对应于频率分布曲线最大值的恢复时间称为高频恢复时间 (T_{MPR})，并以此作为鱼群动态稳定性在时间维度上的评价指标。

临界恢复距离的计算依赖于分裂距离和发散距离。分裂距离和发散距离是表示分裂型扰动和发散型扰动强度的量，分裂距离和发散距离越大，表明扰动强度越大，反之，扰动强度越小。临界恢复距离的计算方法是在分裂 (或发散) 型扰动的情况下，改变分裂距离 (或发散距离)，计算鱼群在该程度的外界扰动下恢复到原有的秩序性群体行为的概率，当该概率为 50% 时所对应的分裂距离 (或发散距离) 即为临界恢复距离。这是鱼群动态稳定性在空间维度上的评价指标。

我们常采用高频恢复时间和临界恢复距离这两个变量分别从时间维度和空间维度对鱼群的抗外界扰动能力，也就是其动态稳定性进行评估。至此，我们已经分别获得了鱼群的动态稳定性在时间维度和空间维度上的评价指标——高频恢复时间和临界恢复距离的计算方法。

这两个描述鱼的秩序性群体行为动态稳定性的变量，其大小与稳定性之间的关系为临界恢复距离越大，鱼群的动态稳定性越好，这是因为大的临界恢复距离意味着鱼群面对大规模的外界扰动时仍然能够恢复到原有的秩序性群体行为状态。而高频恢复时间 T_{MPR} 越短，意味着鱼群在受到外界扰动后能够迅速恢复到原有的秩序性群体行为状态。

8.3 鱼个体的模仿行为系数 γ_{AL} 的取值范围

在鱼的秩序性群体行为生成的研究中，我们已经发现，当鱼个体的模仿行为系数 γ_{AL} 取 0.3 以下的数值时，即便不施加任何外界扰动，随着时间的推移，鱼群发生溃散的概率也很大；而取 1.0 时，各条鱼之间只进行相互模仿行为，不进行碰撞回避行为，鱼与鱼之间会频繁发生碰撞。鉴于此，排除通过前面的模拟实验中所确定的无法生成秩序性群体行为的模仿行为系数 γ_{AL} 的取值范围，最终确定用于进行鱼群的动态稳定性研究的模仿行为系数 γ_{AL} 的取值为 0.4~0.9 的范围。

8.4 分裂型扰动下鱼群的动态稳定性

我们要做的是确定鱼的个体行为参数以及分裂型扰动的强度，并在每一种参数条件下进行计算机模拟，以考察在该条件下遭受扰动的鱼群的群体行为恢复情况。对每一组数据进行 10000 次模拟，通过大量的计算机模拟，我们首先计算了从鱼群被分裂起到恢复至未受扰动情况下的群体行为的时间。图 8.3 是 $\gamma_{AL} = 0.7$，$D_{ES} = 7.0\text{BL}$，$N_{fish} = 30$ 的条件下鱼群被分裂后的恢复时间的分布曲线，从这一分布曲线中可以得到恢复时间分布的最大值，而该最大分布值所对应的恢复时间 T_{MPR}，即为高频恢复时间。

分裂型扰动的效果是将一个鱼群分裂为两个子群，这两个子群之间被赋予一定的空间距离。目前仅考虑两种鱼的个体基本行为，即模仿行为和碰撞回避行为。由于两个行为系数之和为 1，因此，确定了一个行为系数，另一个行为系数也就随之确定。排除了使鱼群无法形成稳定的秩序性群体行为的鱼个体的模仿行为系数 γ_{AL} 的取值区间, 而选取了从 0.4~0.9 的数值, 计算鱼群的高频恢复时间和临界恢复距离。

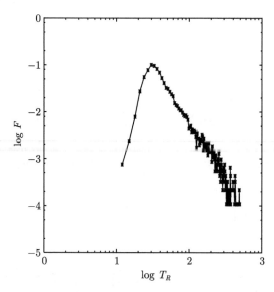

图 8.3　鱼群被分裂后的恢复时间的频率曲线

　　为了考察高频恢复时间 T_{MPR} 与鱼个体的模仿行为系数 γ_{AL} 之间的关系, 选取了分裂距离 $D_{\mathrm{ES}} = 7.0\mathrm{BL}$, 鱼群内鱼的个体数量 $N_{\mathrm{fish}} = 30$ 的情况, 计算鱼群从被分裂到恢复为原有群体行为的时间。对同样数量的鱼组成的鱼群, 个体模仿行为系数在 0.4~0.9 取值, 改变分裂距离, 在每个分裂距离下, 均进行 10000 次计算, 使鱼群保持为一个完整鱼群的概率为 50% 的分裂距离即为临界恢复距离。

　　为了综合考量时间维度的评价与空间维度的评价, 将高频恢复时间 T_{MPR} 与鱼个体的模仿行为系数 γ_{AL} 的关系曲线, 以及临界恢复距离与鱼个体的模仿行为系数 γ_{AL} 的关系曲线绘制在同一张图中, 具体见图 8.4。通过图 8.4 我们可以得到与最佳鱼群动态稳定性相对应的个体行为参数。

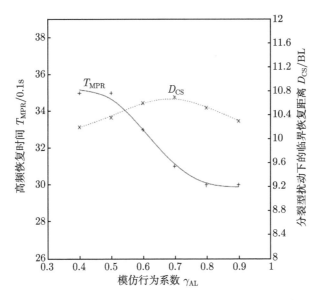

图 8.4 鱼群被分裂后 T_{MPR} 以及 D_{CS} 与鱼个体的模仿行为
系数 γ_{AL} 的关系

临界恢复距离越大，表明鱼群抗外界扰动的能力越强，因此，从临界恢复距离的结果图中可知，当鱼个体模仿行为系数 $\gamma_{AL} = 0.7$ 时，鱼群的动态稳定性最大。这一结果，该怎样解释？当鱼个体的模仿行为系数 γ_{AL} 取值较小时，鱼与同伴并行游动或向同伴趋近的行为被弱化，鱼个体更注重碰撞回避行为。理所当然，原本在空间上被分裂为两个不同群体的鱼，即便有机会选择另一个鱼群中的鱼作为模仿对象，但由于模仿行为较弱，很难保持稳定的模仿对象，或者说很难将在另一个子鱼群中的模仿对象稳定下来。在这种情况下，要想恢复成为一个群体，只有当两个群体间距离足够短时，才能使两个子群中的每一个个体有更大的可能去选择另一个子群中的鱼作为模仿行为的对象，并且使模仿行为的目标稳定下来。这样，原本较弱的模仿行为才可以发挥其有限的作用，使两个鱼群恢复为一个整体。当然，从群体行为的恢复而言，鱼个体的模仿行为系数 γ_{AL} 并非越大越好。当鱼个体的模仿行为系数 γ_{AL} 增加时，由原鱼群分裂而成的两个子群中的每一个鱼群作为一个整体，相较于鱼个体的模仿行为系数 γ_{AL} 较小的情况，其极性是增加的，也就是说两个子群中的鱼，其运动方向更加趋于自己所在鱼群的运动方向。这样一来，只有在两个群体之间的分裂距离足够短时，两个鱼群中的鱼的个体才可能选择另一个鱼群中的个体作为模仿行为的对象。经过一段时间的调整，两个子群恢复为一个群体，使其呈现为一个群体的整体运动，否则被分裂的两个群体将拥有各自的运动方向，而很难或者永远无法恢复成为一个整体而进行秩序性群体行为。

上述两种情况下，即便分裂后的两个鱼群最终均无法恢复为一个鱼群整体，也就是遭遇外界扰动后，从动态稳定性上而言带来的后果相同，但在具体表现形式上却不尽相同。当鱼个体的模仿行为系数 γ_{AL} 较小时，最终鱼群将会分裂为多个子群，而当鱼个体的模仿行为系数 γ_{AL} 较大时，分裂后的两个群体基本上继续保持为两个群体。当鱼个体的模仿行为系数 γ_{AL} 处于两种极端情况的中间值时，即便分裂的两个群体之间的距离较大，并且在某一时刻被分裂的鱼群中的鱼选取了同一子鱼群中的鱼作为模仿行为的对象，但由于模仿行为系数不大，因而不会导致两个子群过于独立，各子群中的鱼可能在其他时刻选取另一个鱼群中的鱼作为模仿行为的对象，也因此可以使被分裂的两个鱼群恢复成为一个群体。

将分裂距离固定在某一个数值上，改变鱼个体的模仿行为系数 γ_{AL}，计算高频恢复时间，在时间维度上评估鱼群的动态稳定性。模拟结果显示，被分裂为两个群体的鱼群恢复为一个群体所需要的时间随着鱼个体的模仿行为系数 γ_{AL} 的增加而缩短。这是因为两个群体中鱼的碰撞回避行为减弱，模仿行为增强，只要两个鱼群中鱼的模仿范围内存在另外一个鱼群中的鱼的个体，它们就有可能成为其模仿行为的目标，而模仿行为系数越大，就越有可能将其运动方向调整为其模仿行为目标的运动方向，因而两个群之间相互吸引的能力也就随之增强，进而可以在短时间内迅速恢复为一个鱼群，并保持秩序性群体行为。

8.5 发散型扰动下鱼群的动态稳定性

这一部分我们考察鱼的个体行为对鱼群受到发散型外界扰动时鱼群的动态稳定性的影响。除了分裂型扰动，发散型扰动是当鱼群遭受捕食鱼攻击时另一种常见的响应模式，当然我们也可以称为对鱼的群体行为的扰动模式。与分裂型扰动不同，发散型扰动使鱼群中所有个体均沿着从鱼群中心指向自己的方向移动一定的距离 (D_{FE})，所有鱼的头部朝向也沿着从鱼群中心指向自己的方向。移动距离是考虑了当捕食鱼冲入鱼群中央时，所有的被食鱼试图与捕食鱼保持最长距离，而头的朝向则是考虑被食鱼为随时逃离所进行的在运动方向上的准备。这样的扰动所带来的后果是，鱼群密度降低，鱼与鱼之间的距离增加，而所有鱼的离心性方向也使得每一条鱼可能模仿的对象出现在远离鱼群中央的位置。无论是鱼与鱼之间距离的拉大还是鱼的头部朝向的变化都增加了被发散的鱼群恢复为原有鱼群的难度。图 8.5 是 $\gamma_{AL} = 0.7$、$D_{FE} = 2.5\mathrm{BL}$、$N_{fish} = 30$ 的条件下鱼群被发散后的恢复时间的频率分布曲线。

与分裂型外界扰动情况下的方法相同，排除使鱼群无法形成稳定的秩序性群体行为的鱼的个体模仿行为系数的数值，在 0.4~0.9 取值，计算鱼群在每一次受到发散型外界扰动后的恢复时间和恢复距离，通过多次模拟，进一步计算高频恢复时间和临界恢复距离。为便于综合考量鱼群在时间维度上和空间维度上的抗外界扰动能力，我们将高频恢复时间与鱼个体的模仿行为系数之间的关系曲线，以及临界恢复距离与鱼个体的模仿行为系数之间的关系曲线共同呈现在同一张图中，具体见图 8.6。

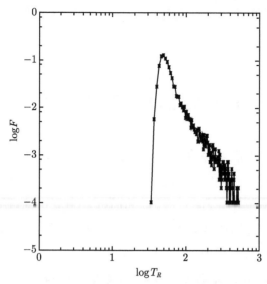

图 8.5　鱼群被发散后的恢复时间的频率分布曲线

如图 8.6 所示，随着鱼个体模仿行为系数的增加，临界恢复距离逐渐增大。但当 $\gamma_{AL} > 0.7$ 时，临界恢复距离保持在一定的数值，不再发生变化，其理由如下。图 8.1 和图 8.2 展示的是被施加了分裂型和发散型外界扰动的鱼群。由图可知，这两种外界扰动的施加引起的鱼的空间分布变化是不同的。当模仿行为系数很小时，与分裂型扰动的情况相同，除非是在很小的发散距离的情况下，凭借很小的模仿行为系数，即便被分散开来但相互距离并不很远的个体之间仍然可以产生相互作用，尤其是相互吸引的作用，而使鱼群可以恢复为一个整体。其余情况下，由于发散距离过大，很多条鱼之间的距离已经在相互吸引范围附近，加之模仿行为系数过小，被发散开来的鱼无法恢复为一个群体。但是，即便模仿行为系数超过一定数值 ($\gamma_{AL} = 0.7$)，根据每条鱼的位置和方向 (放射状)，如果增加发散距离，像分裂一样无法从具有方向性的小群体再度集结成为一个大的群体。由于每一条鱼可以看成几乎在圆周附近，为了恢复成为一个群体，模仿行为系数大，极性就高，鱼就会四散而去，也就是说为使鱼群中的鱼不至四散而去,发散距离不可进一步增加。此外,若发散距离进一步增大,鱼之间的距离就会增加,即便模仿行为系数大于 0.7,但可进入相互吸引区域的鱼较少,也无法恢复成一个大的群体。因此,即便模仿行为系数大于 0.7,临界恢复距离也不会增加,而成为固定值。因此,从空间维度上,经受发散型外界扰动的鱼群,鱼个体的模仿行为系数取值为 0.7 时,其动态稳定性最高。在时间维度上,随着鱼个体的模仿行为系数 γ_{AL} 的增加,受到发散型外界扰动的鱼恢复为一个群体所需要的恢复时间缩短。这是因为鱼进行的碰撞回避行为减弱,模仿行为增强,相互吸引,使群统一的能力也随之增强,进而可以在较短的时间内恢复为一个完整群体。

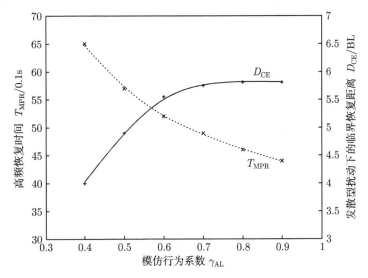

图 8.6　发散型外界扰动情况下 TMPR 以及 DCE 与鱼个体的模仿行为系数 γ_{AL} 的关系

综上所述,鱼群中的个体的模仿行为系数 γ_{AL} 在 0.7 附近时,即便鱼群受到较大的发散型外界扰动 (大的发散距离),仍然可以在较短的时间内恢复为原有状态,因此有最优的动态稳定性。

8.6　扰动时时发生，自我恢复才是王道

在第 5 章和第 6 章中，基于实验研究所得到的鱼的行为参数，我们提出了鱼的个体行为决策模型。根据我们的模型，每一条鱼的行为如果能够有合适的比例分配于对同伴的模仿行为和碰撞回避行为，尽管每一条鱼所掌握的仅仅是其身体周围的数条鱼的信息，却可以生成秩序性群体行为。在该部分内容中，我们还考察了根据我们的模型而生成的秩序性群体行为在生成之后未受到任何外界扰动时的稳定性，即鱼群稳定为一个整体的概率。

鱼群生存的环境提醒我们，来自鱼群外界的扰动绝不少见。如果生活在群体当中真的能够带给那些鱼一定的好处，那么它们不仅要做到在没有任何外界扰动时具有很好的稳定性，还要做到即便受到外界扰动，甚至是比较大的扰动，它们仍然能够在最短的时间内迅速恢复成为一个群体。

分裂和发散是自然界中鱼群在遭受捕食鱼攻击时经常出现的两种响应结果，我们将其视为具有一定代表性的外界扰动形式。分别采用分裂型和发散型外界扰动，对不同模仿行为系数下进行秩序性群体行为的鱼群的动态稳定性进行了考察。为了客观评估各种条件下鱼群的动态稳定性，我们采用了高频恢复时间和临界恢复距离这两个变量对鱼群的动态稳定性进行评估。高频恢复时间从时间维度上对鱼群的动态稳定性进行了评估，其数值越小，表明鱼群在受到外界扰动后越能在最短时间内恢复为一个鱼群，也就是鱼群具有较强的动态稳定性；反之，则表明鱼群在受到外界扰动后需要较长的时间才可以恢复原有的群体行为，而这样的鱼群具有较低的动态稳定性。临界恢复距离从空间维度上对鱼群的动态稳定性进行了评估，临界恢复距离越大，表明鱼群在受到外界强扰动的情况下，仍然能够恢复为原有的群体行为，也就是动态稳定性越强；反之，则

表明鱼群只有在受到较小的外界扰动时，才能够恢复为群体行为，表明鱼群的动态稳定性较低。

采用这两个变量进行综合评价的结果表明，在第 7 章中没有任何外界扰动存在时我们得到的以最优鱼群空间分布、最优近邻距离、最高极性和最低分散率为综合指标的鱼群的最优秩序性群体行为，也就是在鱼个体所具有的模仿行为系数为 0.7 时，鱼群对于分裂和发散这两类外界扰动具有最强的动态稳定性，即既具有静态稳定性又具有动态稳定性的秩序性群体行为，使进行秩序性群体行为的鱼群在所有情况下 (存在扰动和不存在扰动) 都能够在维持秩序性群体行为上得到保障，这也更激发了我们的欲望去了解为什么鱼群要进行秩序性群体行为。

这一切只是巧合，还是必然？不存在外界扰动时，当鱼个体的模仿行为系数为 0.7 时，鱼群最不易分散，也就是具有最高的静态稳定性。这显然是由个体行为带来的群体结构上的保障。当受到外界扰动时，被分裂或被发散的鱼群都在结构上遭到了破坏，为恢复原有的结构，看上去需要更强的动力。但当个体具备了看上去更强的集群动力时，由于个体只能与其周围的个体发生相互作用，因此，更强的集群动力使得实际上只能生成更多的小群体。由此看来，个体行为对整个群体行为的影响有时事与愿违！模仿行为系数越高，集群行为越强，而忽略了碰撞回避行为，从群整体而言，越难以得到恢复。如此看来，个体行为的平衡很重要！如果不希望有一个个小的坚固的群体产生出来，而是一个在经受外界扰动后仍然可以恢复为原来的大的群体，那么就适当调整，不将个体的模仿行为放在首位，这样就不会使那些被分裂的或被发散的个体形成小的群体。

尽管我们进行的鱼群的模拟仅采用了 30 条鱼，但当我们希望群体在个体数量上的规模增加时，不妨做个推理，放眼他处，使个体的模仿行为适度，会有更多的个体加入进来，群体的规模自然而然也就增加了。当然，如果希望保持群体规模，那就尽力使群体中的个体保持在较高的模仿行为水平。这里的个体模仿行为需要分开考虑，它实际上包含了三个行为成分：一是模仿行为目标的确定；二是在距离较远时趋近目标；三是在与目标距离适当时，与其保持行为方向的一致。这三个行为成分对集结成群的影响不尽相同。模仿行为目标的确定，包括可选择目标范围的大小，决定了可能形成的群在空间上和数量上的规模，趋近行为和行为的统一则是使可能成为事实的实际行为。

　　受到外界扰动的群体，似乎又经历了从个体到群体的富有神奇力量的变化过程。在一定范围内，个体越注重与他人行为的一致性，群的动态稳定性越好，超出了这个范围，就需要注意可能会出现事与愿违的情况，也就是越在意你所模仿的个体的行为，群的恢复就越会受到阻碍。所以，群体依赖于个体，个体凭借主观愿望所进行的行为却未必能够传达给群体。

第二部分结语

仅拥有局部信息，个体与个体完全平等，没有从属、不分上下。个体之间通过某种基本行为与其他个体在物理空间或社会空间产生相互吸引或采取相同行为，个体也通过某种行为使彼此之间在群体行为的存在空间保持合适的距离。这些行为的比例决定了个体的行为，也决定了群体的行为，而比例适当时就可以生成最有秩序性的群体行为。通常情况下，无论个体多么高级、多么复杂，为生成秩序性群体行为，这些具有拮抗作用的基本行为缺一不可。令人兴奋的还不止这些，当个体以恰当的方式行为时，即便遇到外界扰动，仍然可以以最快的速度恢复到秩序性群体行为，并且可以经受最为严峻的考验。

第三部分

为什么进行秩序性群体行为

　　安之若素绝非易事，尤其在弱小之鱼遭遇强壮于自己、迅捷于自己的捕食鱼的时候。茫茫大海，无处藏身，仅凭一己之力，等待小鱼的只有一个结果，而鱼群可以成为小鱼的移动庇护所。它们各自为着自己，却也各自保护着其他个体。

第9章 遭遇捕食鱼攻击时鱼的个体行为模型

9.1 遭遇捕食鱼攻击时鱼的群体逃生行为

鱼之所以成群,摄食和对捕食鱼攻击的应对被认为是两个主要原因。饥饿之时,采集鱼饵是当务之急。尤其当可能成为食饵的动物与自己强弱势均时,通过协作完成猎食绝对是良策,当然,这并非是百利无一害的事情,毕竟猎食成功之后需要进行的是对猎物的分配。权衡利弊,与其靠一己之力无法获得食物,莫不如借助其他个体的力量而获得捕食的成功。一旦身份转换,可能成为别人口中之食时,也就是被捕食鱼攻击时,如何得以逃生应该就是第一要务了[37]。

鱼甚至在进食的时候都可能会受到捕食鱼的攻击而成为其腹中之物,更加准确地讲,对于鱼而言,只要活着就有被吃掉的危险。因此,哪里最安全,怎样做最安全,对于鱼来说,是关乎生死的大问题。有些鱼可以当捕食鱼来袭时,巧妙地利用珊瑚隐藏自己的身体,但在无比开阔的海洋世界里,无论游到哪里都能跟随自己而可成为自己的庇护所的,由众多鱼的个体所形成的鱼群再合适不过了。实际上,在捕食鱼发动进攻前后,鱼群对于鱼的个体的保护,或者说鱼群带给鱼的好处大不相同。在捕食鱼进攻前,由于身处群体之中,多了很多双眼睛以站岗放哨,从而及时发现捕食鱼的入侵。这样,鱼群中的个体才可能将精力置于进食或其他活动中。一旦捕食鱼发起进攻，多数极其相似的个体可以引起捕食鱼的混乱，或者群中的个体通过协同一致的群体行为干扰捕食鱼的进攻。

在海洋世界里弱肉强食是通用法则。一般而言，捕食鱼在身体条件上要优于成为捕食对象的被食鱼，无论在体格、速度还是视野范围上。因此，如果弱小之鱼独自逃生，等待它的只有来自于捕食鱼致命的攻击，而成为捕食鱼的腹中之物。但如果能与其他鱼集结而逃，只要自己不在外观上特别醒目，成为被攻击目标的概率就会降低。即便可能一时成为攻击目标，也可以因与众多的鱼一起逃生，游动于捕食鱼左右，而不会于持续地成为攻击目标，躲开一劫的可能性远远高于独自逃生，尤其当与其他成员生成协同行动时，捕食鱼在无法持续追踪一个固定的攻击目标时，体力、精力都会下降，常常会放弃进攻。关于这一点，一些观测实验发现，在遭受捕食鱼攻击时，比起单独行动，与群中之鱼一起行动更容易逃生。

Neill 和 Cullen[8] 等进行了捕食鱼攻击被食鱼的实验，该实验发现由被食鱼构成的鱼群规模越大，捕食鱼的捕食成功率就越低。采用的实验手段是将被食鱼孤立，并使其成为捕食鱼的攻击目标，捕食鱼的捕食成功率增加。Landeau 和 Terborgh[38] 通过鲈鱼的视觉混乱实验，考察了鱼群规模的大小与捕食成功率之间的关系。鲈鱼可以非常迅速地捕获单独行为的鲦鱼，但随着鲦鱼群的扩大，捕获一条鲦鱼的时间变长，不仅如此，他们还观察到了多次进攻的失败。

很多实验采用了这种直接的研究方法，即采用观测水槽中的少量被食鱼的方法，由此而得到了可信度较高的被食鱼的群体逃生行为的观测结果。但是，为什么仅能获得自己身体周围的极近距离的信息的鱼，就能够通过时刻变化着的个体行为，在面对各种各样的捕食鱼的攻击时形成有效的群体逃生行为，其机制尚不明确。特别是，当鱼群受到捕食鱼的攻击时，进行秩序性群体行为的鱼群有怎样的好处也不明确。由一条条鱼作为构成要素而形成的鱼群的群体行为,想必会受到每一条鱼的行为的影响,但对这一影响进行实验观测是非常困难的。

根据迄今为止的实验观测结果,我们根据每条鱼所获得的局部信息而构建了个体行为决策模型,通过对该模型在各种条件下进行的计算机模拟,对在鱼群受到捕食鱼攻击时能够生成最优群体逃生行为的决定机制进行了研究。此前揭示的秩序性群体行为的生成机制仅仅有结群之功,在考察秩序性群体行为究竟有怎样的好处的同时明确其带来利益的机制,并揭示了在遭遇捕食鱼攻击时,鱼群的秩序性群体行为的效果,这可能是揭示鱼进行秩序性群体行为的根本。

9.2 鱼的秩序性群体行为模型的扩展

9.2.1 虑及能量消耗

与所有其他动物相同,鱼的运动也需要消耗能量,无论是转换游动的方向,还是游动速度的维持和提升。每一条鱼所拥有的能量的多少决定了个体决策的实施程度,也从而影响到在遭遇捕食鱼攻击时鱼的群体逃生行为。能量充分时,个体的行为策略均可以得到实施,但能量不充分时,即便策略再好,也无法实施。在无捕食鱼攻击的情况下,能量可能不是一个重要因素,能量不充分所带来的后果可能仅仅是降低鱼群的秩序性。但遭遇捕食鱼攻击时,如果某一个个体能量不足,所带来的直接后果同样是使鱼群的秩序性降低,但秩序性降低了的鱼群在面对捕食鱼的攻击时,其群体逃生行为就会产生变化,所引起的后果可能会严重很多。

水中生活的所有动物,为了实现在水中的移动,都需要向后方推水,从而获得向前的作用力,使自身产生向前的移动。不过这些在水中生活的动物所采取的方法不尽相同,有的像蛇一样持续扭动身体，有的像乌贼一样喷水，有的不停地扇动尾巴[39]。游动时所需要的能量依游动方法的不同而各异，即便是从进化的观点来看，水中生存的动物也还在采用着各种各样的游动模式。

后面的章节中会详细说明捕食鱼的攻击战术，本节仅就捕食鱼与能量消耗相关的部分进行简要说明。为了提高捕食的成功率，捕食鱼会采用各种各样的攻击方法，其中最为常用的方法是锁定一条鱼并进行持续追逐。采用这种追逐攻击的方法而使捕食得以成功的原因主要是被食鱼的身体条件逊色于捕食鱼，或是被食鱼在逃生过程中所消耗的能量到达其身体所能承受的极限，无法完成其所采取的逃生行为策略。比捕食鱼的游动速度慢得多的被食鱼，如果是离群索居，独自行动，并且已经被捕食鱼锁定而成为攻击目标，速度上的劣势很快会使其成为捕食鱼眼前的猎物而被轻松捕获。即便在游动速度上被食鱼与捕食鱼没有太大的差异，被食鱼的速度仅比捕食鱼稍慢，一旦被锁定为攻击目标，它一定会尽全力提速希望逃离捕食鱼的攻击，但当它所消耗的能量达到其所能忍受的极限时，游动速度就会减慢，等待它的也就只有一个结果，成为捕食鱼口中的美餐。

为了能够更加真实地模拟遭受捕食鱼攻击的被食鱼的行为，我们考虑了鱼个体的能量消耗。前面对鱼以一定的速度游动需要消耗能量进行了说明，实际上转换方向也因同样的原理而需要能量，鱼在做方向调整时，需要借助水的反向压力而使身体调整到合适的方向，这个过程需要消耗能量。除此之外，顺畅游动的鱼之间几乎观察不到碰撞，那是因为每一条鱼都在对自己的行为进行着很好的控制，从而可以做到尽量避免相互之间的距离过近。如果无法采取充分的碰撞回避行为，碰撞的发生也是必然结果，而一旦发生碰撞，鱼将会遭受很大的打击而无法快速游动，这相当于消耗了大量的能量。本研究从时刻 $t - \Delta t \sim t$，包括碰撞所引起的能量损失，本研究中鱼所消耗的能量以式 (9-1) 表示：

$$\Delta E_i(t) = q\frac{E_{\max}}{v_{\mathrm{av}}}(\mu v_{\mathrm{av}} - v_i(t)) - p\frac{E_{\max}}{\pi^2}(\alpha_i(t) - \alpha_i(t - \Delta t))^2$$
$$- \epsilon_{\mathrm{coll}} E_{\max} N_{\mathrm{coll},i}(t) \exp(N_{\mathrm{coll},i}(t)/N_{\mathrm{decl}}) \tag{9-1}$$

式中，$E_{\max}$ 和 v_{av} 分别是鱼的最大能量和鱼的平均速度；$\alpha_i(t)$ 是 t 时刻鱼 i 的运动方向；q、p 以及 ϵ_{coll} 是常数参数，关于其意义，后续将进行相应说明。

式子中的第 1 项，是指因游动而产生的能量消耗。这一部分的物理意义是，如果游动速度慢于平均速度就可以储存能量，快于平均速度则消耗能量。μ 是为了使鱼以平均速度游动时，后面两项的能量消耗与第一项相抵消而不至于使 $\Delta E_i(t) < 0$ 而导入的参数。第 2 项意味着单位时间内调整运动方向所消耗的能量，从式子中可以看出用于转换运动方向的能量与所调整的角度的平方成正比。最后一项是鱼因碰撞而损失的能量。为了表达随着碰撞次数的增加能量消耗会急剧上升，因此碰撞导致的能量损失以指数函数表示。$N_{\mathrm{coll},i}(t)$ 是第 i 条鱼在时间 $t - \Delta t \sim t$ 发生的碰撞次数。N_{decl} 是常数参数，代表所消耗能量急剧上升的鱼的碰撞次数的阈值。

此外，由于鱼所拥有的最大能量受其身体条件的限制，如公式 (9-2) 中所示，所以鱼所拥有的能量不超过一定数值，即

$$E_i(t + \Delta t) = \begin{cases} E_i(t) + \Delta E_i(t), & (E_i(t + \Delta t) < E_{\max}) \\ E_{\max}, & \text{(其他)} \end{cases} \tag{9-2}$$

不同类型的鱼可以拥有的最大能量是不同的。在我们的计算机模拟中，属于同一个鱼群的被食鱼的身体条件被认为是相同的，因此，它们的最大能量也被设定为相同。后续的模拟当中，将能量消耗考虑进来，这会使所进行的模拟更加接近于真实情况。

9.2.2　鱼的逃生战术

此前介绍的很多观测研究发现，单独行动的弱小的鱼在遭遇捕

食鱼的攻击时，即便将其全部的能力发挥得淋漓尽致，终究在身体条件上不及捕食鱼而成为捕食鱼的猎物。但同样弱小的鱼，如果能够集结成群，通过每一条鱼的个体行为而生成各种群体行为的模式，个体的生存概率就会提高。被食鱼会根据各种因素，如与捕食鱼之间的距离、捕食鱼的游动速度、捕食鱼是否朝向自己游动等，来决定自己的逃生及躲避攻击的战术。

9.2.3　危险反应区域

本研究中把鱼 i 的危险反应区域定义为以鱼 i 为圆心，$R_{\mathrm{dan},i}$ 为半径的区域，一旦捕食鱼进入该区域，鱼 i 因感知到危险而马上采取逃生行为。尽管危险反应区域的大小依赖于鱼的感知能力，但基本上被认为是鱼所采取的行为战术，这是因为并非所有的鱼一旦感觉到捕食鱼的存在就马上采取逃生行为，而是要判断其自身是否处于危险境地，再采取相应的行为。有大量群体逃生行为的观察研究表明 [11,33,40−42]，仅有捕食鱼周围的鱼试图迅速逃离捕食鱼，而那些与捕食鱼有一定距离的鱼并不会马上采取行为，即便捕食鱼已经出现在它们的视野范围之内。

与身体较大、不善于灵活调整运动方向的捕食鱼相比，被搏食鱼小而灵活，可以敏捷地转换运动方向。它们与其当捕食鱼还在很远的地方时就拼命逃跑，不如缩小危险反应区域，等到捕食鱼接近自己时再采取逃生行为可能更加有利。这是因为捕食鱼进行运动方向转换时同样需要消耗能量，为了紧紧尾随被食鱼，捕食鱼的能量会有大量消耗，被食鱼则可因此而夺路而逃。

鉴于上述各方面考虑，本模型中被食鱼所采取的行为战术包括，仅当捕食鱼入侵自己的危险反应区域时才采取逃生行为，否则进行通常的维持秩序性群体行为的一般行为。

9.2.4 鱼的运动方向

除了在捕食鱼进入其危险反应区域之后才采取逃生行为的行为战术，被食鱼还可以采取的行为战术就是不断调整运动方向。大家应该都还记得此前我们介绍的捕食鱼与被食鱼在身体条件方面的差异，捕食鱼身体更大、更加健壮，游动速度更快，但在转换运动方向上则没有那么迅捷；被食鱼身体更小，游动速度会慢些，但运动方向的转换会更加迅捷。那么，在遭遇捕食鱼的攻击时，采取怎样的运动方向能够提高成功逃生的可能性？对于单独行动的鱼和在鱼群中的鱼，答案可能会不尽相同。

本模型中，每条鱼都同时进行逃生行为、模仿行为和碰撞回避行为，而这三种基本行为的组合决定了鱼的最终行为。关于其理由，我们已经在第 4 章中做过详细介绍，这里不再赘述。这三种基本行为的组合比例，则根据鱼所处的状况而定，不同状况下分配于各基本行为的比例不同，再由它们共同决定鱼的运动方向，而这样的运动方向是时时刻刻发生变化的。这样不受其他因素影响，而只以三种基本行为所决定的方向为构成成分，根据各项基本行为所占的比例而决定的运动方向，我们称为理想运动方向，而与之相对的，还有一个实际运动方向。鱼是否能够按照其理想运动方向游动，有两个因素需要考虑，一个是理想运动方向与当前运动方向之间的角度，另一个是鱼的保有能量。如果理想运动方向与当前运动方向之间的角度过大，鱼无法在一次方向调整中将身体调整至理想运动方向。如果鱼的能量足以保障其完成行进方向的转换，鱼可以将其行进方向调整至理想运动方向，否则理想运动方向很难实现。我们所说的鱼所处的状况，是指被食鱼与捕食鱼之间的距离，根据被食鱼与捕食鱼之间的距离，我们把鱼所处的状况分为 A 和 B 两种。

A 捕食鱼在鱼的危险反应区域之外时

当捕食鱼在鱼的危险反应区域之外时，鱼的逃生行为系数为 0，也就是鱼不采取任何逃生行为，而进行通常的秩序性群体行为。此时，鱼的个体行为由模仿行为和碰撞回避行为组成。

B 捕食鱼进入鱼的危险反应区域时

一旦捕食鱼进入鱼的危险反应区域，被食鱼将会根据自己所制订的战术决定逃生行为、模仿行为以及碰撞回避行为的比例，从而决定其每时每刻的运动方向。当鱼直接感受到被捕食的危险时，可能会在两种逃生行为中择一而为，其一是兼顾其他个体的逃生行为，我们称为合作逃生[34]；另一个是全力逃离，即不再顾及其他鱼而自顾自地远离捕食鱼，我们称为自利逃生。具体该采取哪一种逃生行为，可依与捕食鱼之间的距离而定。实际上，很多研究都已经观察到在很多种鱼群中，鱼的个体对威胁性刺激的响应的确依距离的不同而不同。对于包括鱼在内的动物，具体采取怎样的逃生行为，主要根据动物个体与威胁性刺激之间的距离而定。

鱼是否能够实现其所决定的理想运动方向，与从该时刻该鱼的运动方向到其理想运动方向的必要转换角度，以及该时刻该鱼所保有的能量有关。理想运动方向以 $\alpha_{\text{ex}}(t + \Delta t)$、必要转换角度以 $\Delta\alpha_{\text{ex}}(t + \Delta t)$ 来表示，理想运动方向则取决于公式 (9-3)：

$$\alpha_{i,\text{ex}}(t + \Delta t) = \alpha_i(t) + \Delta\alpha_{\text{ex}}(t + \Delta t) \tag{9-3}$$

这一公式中 $\Delta\alpha_{\text{ex}}(t + \Delta t)$ 由下列式子而定：

$$
\begin{aligned}
\Delta\alpha_{\text{ex}}(t + \Delta t) = & \gamma_{\text{ES}}^E D_{\text{ev}} \Big(\beta_i^{\text{ES}}(t + \Delta t) - \alpha_i(t) \Big) \\
& + \gamma_{\text{AL}}^E D_{\text{ev}} \Big(\beta_i^{\text{AL}}(t + \Delta t) - \alpha_i(t) \Big) \\
& + \gamma_{\text{AV}}^E D_{\text{ev}} \Big(\beta_i^{\text{AV}}(t + \Delta t) - \alpha_i(t) \Big)
\end{aligned} \tag{9-4}
$$

式中，系数 γ_{ES}^E、γ_{AL}^E 以及 γ_{AV}^E 分别代表逃生行为、模仿行为、碰撞回避行为对理想运动方向的贡献程度，可见 $\gamma_{\text{ES}}^E + \gamma_{\text{AL}}^E + \gamma_{\text{AV}}^E = 1$；$\beta_i^{\text{ES}}(t + \Delta t)$、$\beta_i^{\text{AL}}(t + \Delta t)$ 以及 $\beta_i^{\text{AV}}(t + \Delta t)$ 是三种基本行为各自

单独进行时的运动方向。$\beta_i^{\mathrm{AL}}(t+\Delta t)$ 和 $\beta_i^{\mathrm{AV}}(t+\Delta t)$ 按照前述章节中所介绍的方法确定。函数 $D_{\mathrm{ev}}(x)$ 与公式 (5.7) 相同。$\beta_i^{\mathrm{ES}}(t+\Delta t)$ 由公式 (9-5) 确定：

$$\beta_i^{\mathrm{ES}}(t+\Delta t) = \mathrm{DR}(i,\mathrm{pred};t) \pm \theta_i(t) \tag{9-5}$$

式中，$\mathrm{DR}(i,\mathrm{pred};t)$ 是从捕食鱼指向鱼 i 的方向，根据捕食鱼和鱼 i 的相对位置所决定。鱼 i 根据自身所处的状况，在 $\mathrm{DR}(i,\mathrm{pred};t)$ 的左或右偏离 θ_i 的方向逃生。"+" 与 $0 \leqslant A(t) - \mathrm{DR}(i,\mathrm{pred};t) \leqslant \pi$ 的情况相对应，"−" 与 $-\pi \leqslant A(t) - \mathrm{DR}(i,\mathrm{pred};t) < 0$ 的情况相对应。$A(t)$ 是捕食鱼的运动方向。假定鱼在 Δt 时间内可转换的最大角度为 π（其依据已在第 2 章陈述），那么保有能量为 $E_i(t)$ 的鱼 i 的可转换角度 $\Delta\alpha_{\mathrm{max},i}(t)$ 由公式 (9-6) 表示：

$$\Delta\alpha_{\mathrm{max},i}(t) = \frac{2\pi}{1 + \exp\left[\left(1 - \dfrac{E_i(t)}{E_{\mathrm{max}}}\right)/a\right]} \tag{9-6}$$

式中，a 是常参数，此参数越小，能量依赖性越强。到目前为止进行的是关于理想运动方向的说明，鱼的实际运动方向则由公式 (9-7) 表达。当能量足够多时，鱼的可转换角度就大，实际需要转换的角度如果在其范围之内，则可顺利实现调整；如果保有能量较小，则鱼的可转换角度就越小，一旦实际需要转换的角度超出可转换角度，也只能委曲求全，按照可转换角度而进行方向调整了。

$$\alpha_i(t+\Delta t) = \begin{cases} \alpha_{i,\mathrm{ex}}(t+\Delta t), & (\Delta\alpha_{\mathrm{ex}}(t+\Delta t) < \Delta\alpha_{\mathrm{max},i}(t)) \\ \alpha_i(t) + \Delta\alpha_{\mathrm{max},i}(t), & (\text{其他}) \end{cases}$$
$$\tag{9-7}$$

式中，$\Delta\alpha_{\mathrm{ex}}(t+\Delta t)$ 的符号根据式 (9-4) 确定；$\Delta\alpha_{\mathrm{max},i}(t)$ 的符号与 $\Delta\alpha_{\mathrm{ex}}(t+\Delta t)$ 的符号相同。

9.2.5　鱼运动速度的决定方法

至此，我们已经介绍了被食鱼可以采取的两种行为战术，一是危险反应区域内外逃生行为的不同，二是运动方向的决定。作为行为战术，被食鱼还可以根据所处的状况调整另外一个变量，那就是它的游动速度。鱼时时刻刻利用眼睛和侧线这两个感觉器官共同衡量自己与捕食鱼之间的距离，并准备以适当的速度逃生。类似于理想运动方向，我们将这一速度定义为理想速度。同样，鱼是否能以对其现状而言最合理的理想速度行进，取决于鱼在该时刻所保有的能量。被食鱼理想速度的大小取决于鱼与捕食鱼之间的距离。

A 捕食鱼在危险反应区域以外的情况

当捕食鱼在被食鱼的危险反应区域之外时，通常进行的秩序性群体行为相同，被食鱼的理想速度遵循 Gamma 分布，如公式 (9-8) 中所示：

$$P_{\mathrm{sp}}(v) = \frac{A^K}{\Gamma(K)} \mathrm{e}^{-Av} v^{K-1} \tag{9-8}$$

Gamma 分布的参数 K 和 A 与式 (5.8) 中的数值相同。

B 捕食鱼进入危险反应区域的情况

当捕食鱼进入危险反应区域以内时，鱼根据自身的危险程度决定自己的理想速度。一旦成为捕食鱼的目标，鱼可以通过侧线感知到捕食鱼尾随而来，当该鱼感知到捕食鱼进入自己的危险反应区域时，以最大速度逃生，如果捕食鱼与自身的距离在并行游动区域时，则以最大速度的 s 倍逃生，$s < 1$。本模型中每条鱼的最大速度相同，以 $v_{\max}$ 来表示。理想速度的大小可以总结为公式 (9-9)：

$$v_i^{\mathrm{ex}}(t + \Delta t) = \begin{cases} v_{\max}, & (d_{ij} < R_{\mathrm{pall}}) \\ s v_{\max}, & (R_{\mathrm{pall}} < d_{ij} < R_{\mathrm{dan},i}) \end{cases} \tag{9-9}$$

式中，d_{ij} 是鱼 i 和捕食鱼 j 之间的距离；R_{pall} 是并行半径；$R_{\mathrm{dan},i}$ 是危险反应区域的半径。

类似于是否可以以理想方向行进取决于鱼的能量，被食鱼是否能够以其理想速度游动，也取决于鱼 i 所保有的能量。实际速度如公式 (9-10) 所示：

$$v_i(t + \Delta t) = v_i^{\text{ex}}(t + \Delta t) \left(\frac{2}{1 + \exp\left[\left(1 - \dfrac{E_i(t)}{E_{\max}}\right) / b\right]} \right) \quad (9\text{-}10)$$

式中，b 是常参数。由公式可知，当鱼的能量足够高时，鱼可以以其理想速度行进，否则只好在行进速度上妥协，量力而行了。

模型中被食鱼能量的导入，使得鱼在行进方向的改变、运动速度的提升两方面都受到了一定程度的制约，当遭遇捕食鱼攻击时，被食鱼的行为将更加接近真实情况，而不会发生被食鱼采用灵敏的转换战术即可使捕食鱼放弃追踪的情况。

9.3　捕食鱼的攻击方法

被食鱼和捕食鱼是一对相依相抗的存在。对捕食鱼而言，捕获捕食鱼是其获得生存能量的需要，但将被食鱼全部捕食也只会导致严重的后患 —— 再无食饵。尽管捕食鱼不会刻意去做什么来维持这样的一种平衡，但客观上却达到了这样的效果，这也正是生物界的神奇所在。在这个平衡维持的过程中，被食鱼在危险感知半径、运动方向以及运动速度这三个方面调整自己的行为战术，其目的是得以逃生，而与其可以形成牵制的就是捕食鱼的行为战术，捕食鱼通过行为战术的调整以实现捕食率的提升。这一部分我们就来看看捕食鱼究竟要采取怎样的行为战术。为了便于后续的说明，我们需要对"捕获"这一概念在具体的计算机模拟中是如何界定的进行说明。鱼是否被捕获，依据捕获距离进行判断。捕获距离由公式 (9-11)

表示，BL 和 PDBL 分别是被食鱼和捕食鱼的身长，即

$$R_{\mathrm{cap}} = 0.13(\mathrm{BL} + \mathrm{PDBL}) \tag{9-11}$$

一旦鱼与捕食鱼之间的距离小于 R_{cap}，我们认为鱼当即被捕食。

9.3.1　攻击目标的决定方法

　　如果捕食鱼的眼前只有一条被食鱼，对捕食鱼而言，无须大伤脑筋来决定应该选择哪一条作为攻击对象，因为它的攻击目标只有一个。但是，当它眼前晃动着很多条被食鱼时，它该怎样选择攻击目标？当然如果身体条件差距极大，即便眼前有无数条鱼，捕食鱼都会张开大口，将被食鱼吞入腹中。但当身体条件差距没有那么悬殊时，捕食鱼只能选择一个目标进行攻击。

　　本模型中，捕食鱼决定攻击目标的方法如下。攻击开始时，捕食鱼将与其距离最近的被食鱼作为攻击目标，此后，从前一时刻确定的攻击目标的附近随机挑选攻击目标。这样的设计是因为捕食鱼能否锁定一个攻击目标而持续追逐与出现在捕食鱼的可攻击范围内的被食鱼的数量有关，当这一数量很大时，锁定一个目标而持续追踪很困难，而当这一数量较小时，则会相对容易。在我们的模型中，捕食鱼攻击目标的选择存在一个空间范围，具体如图 9.1 所示，是从捕食鱼指向攻击目标的左右相等的范围，以及以该范围内最近的鱼开始的一定的纵深范围。我们假定角度的范围与鱼的专注度相关，专注度不同，角度范围也不同。在计算机模拟中，我们采用了两种专注度，分别是高专注度的捕食鱼的攻击和低专注度的捕食鱼的攻击，并分别考察面对不同能力的捕食鱼时，鱼的群体逃生行为。

　　当鱼群中所有的鱼几乎具有同样的外部特征，如体型、花色，以及同样的能力，如游动速度的时候，捕食鱼极难持续地以一条鱼作为固定的攻击目标，也就是说捕食鱼的攻击目标会时刻更新。但当鱼群中存在体色和花纹等视觉上的与众不同，或者在速度上与众

不同的鱼时，捕食鱼在规定的时间内会连续追逐该鱼，也就是攻击目标几乎不发生改变。在后续章节中我们会考察鱼群中混杂有异质鱼时给鱼群的群体逃生行为会带来怎样的影响，与众不同的鱼同正常的鱼相比，被捕食率是否相同？如果不同，具体表现为怎样的不同，后面会在该状况下将捕食鱼的攻击目标选择进行详细介绍。

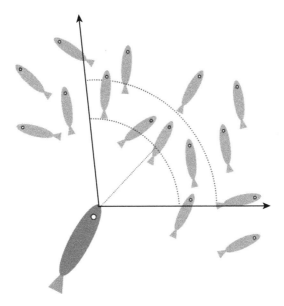

图 9.1　捕食鱼确定攻击目标的方法

考虑捕食鱼的视觉系统和侧线的作用，捕食鱼的视野是一个没有死角的圆形区域，其半径的大小取决于捕食鱼的能力，捕食鱼的能力不同，则圆形区域的半径也不同。如果视野足够大，捕食鱼可以发现较远的被食鱼。

本模型中采用的捕食鱼确定攻击目标的方法是随机选取一条一定距离范围之内的鱼，某种程度上这是考虑了被食鱼如果在鱼群中不易被攻击的机制。这是我们根据被食鱼在鱼群之中时，捕食鱼不容易确定其攻击目标的观测结果而进行的假设。由于实验观测已经发现了随着构成鱼群的鱼个体数量的增加，攻击会越来越难的事实，因此本研究并不以证明这一事实为目的。我们的研究目的在于明确鱼个体采取怎样的行为战术能够形成最优的群体逃生行为，以及在各种各样的群体行为中，保持秩序性的群体逃生行为为什么可以成为最优行为，以及究竟以怎样的机制使其得以实施。

9.3.2　捕食鱼运动方向的决定方法

决定了攻击目标的捕食鱼，下一步要做的就是接近目标并向目标发起进攻。由于捕食鱼的身体一般而言大于被食鱼，因此，其运动方向的转变并没有被食鱼那么敏捷。为了尽可能地接近真实情形，本模型中，捕食鱼在 Δt 时间范围内可转换的角度范围为 $0° \sim \Delta A_{\max}$，实际上可转换的角度根据捕食鱼的身体条件而定。

为了实现以最短距离对被食鱼进行攻击，一旦捕食鱼确定了它的攻击目标，它的理想运动方向就是由其自身指向被食鱼的方向。实际上是否可以沿着理想方向追逐被食鱼，取决于捕食鱼是否可以从当前的运动方向迅速地转换至其理想运动方向。如果由其当前的运动方向到它的理想方向之间需转换的角度小于 Δt 时间范围内可以转换的角度，捕食鱼就可在 Δt 时间范围内完成运动方向的调整，从而朝目标鱼进攻；如果超出了 Δt 时间内可转换的范围，则以可转换的最大角度进行调整，逐渐地趋近其理想运动方向。捕食鱼在 $t + \Delta t$ 时刻的运动方向以 $A(t + \Delta t)$ 表示，Δt 时间范围内可转换的最大角度以 $\Delta A_{\max}$ 表示，捕食鱼的方向变化所遵循的规则可以用公式 (9-12) 来表示：

$$A(t + \Delta t) = \begin{cases} \text{DR}(\text{target}; t), & (|\text{DR}(\text{target}; t) - A(t)| \leqslant \Delta A_{\max}) \\ A(t) \pm \Delta A_{\max}, & (\text{其他}) \end{cases}$$

$$(9\text{-}12)$$

式中，$\text{DR}(\text{target}; t)$ 是从捕食鱼的运动方向到其理想运动方向之间的夹角。

在被食鱼运动方向的转换中，考虑了能量消耗，但在捕食鱼运动方向的转换中本模型并没有考虑能量消耗, 而只是考虑了捕食鱼最大可转换角度。这是因为捕食鱼在身体条件上强于被食鱼, 储备的能量也较多, 在一次攻击中所消耗的能量并不会对其运动带来大的改变; 同时, 不考虑能量消耗的捕食鱼, 与被食鱼相比, 其能力得到了放大, 其后果是使捕食鱼的捕食率增加, 这更加考验了鱼的秩序性群体行为。

9.3.3 捕食鱼运动速度的决定方法

为了不使攻击目标逃脱, 捕食鱼会扬长避短, 以自己卓越的能力来弥补自己的缺点。比如, 方向转换较笨拙的捕食鱼会尽量采取使攻击目标出现在自己可转换范围内的攻击方法。具体而言, 如果攻击目标出现在可转换的范围内时全速追击, 争取在最短时间内捕获被食鱼; 而攻击目标出现在可转换的范围外时则降低速度, 并尽可能早地使目标出现在自己可以转换的范围内。公式 (9-13) 表示了捕食鱼控制速度的规则:

$$V(t + \Delta t) = \begin{cases} V_{\max}, & (|\mathrm{DR}(\mathrm{target}; t) - A(t)| \leqslant \Delta A_{\max}) \\ 0.3 V_{\max}, & (其他) \end{cases}$$

$$(9\text{-}13)$$

式中, $V_{\max}$ 是捕食鱼的最大速度。同样, 在捕食鱼的运动速度的调整中, 我们也没有考虑能量消耗。这是因为捕食鱼根据被食鱼是否出现在自己的可转换范围内自行调整其行进速度, 既有最大速度的情况, 也有低于最大速度的情况。这从客观上带来的效果就是, 如果我们考虑捕食鱼的能量消耗, 捕食鱼的能量既会有因以最大速度行进而消耗的情况, 又会有以低于最大速度行进而积累能量的情况。对于被食鱼而言, 当捕食鱼与它的距离小到一定程度 (回避区域) 时, 生存是第一需要, 它能做的就是要拼尽全力全速前进, 最大可能地争取从攻击中逃生, 而捕食鱼却不需要在任何情况下都全速前进。

本模型中没有考虑捕食鱼的能量消耗, 因此, 比起考虑捕食鱼能量消耗的情况, 当前的模拟可以使捕食鱼的捕食率增加。由于本研究以鱼群在将被捕食率降到最低时采取怎样的行为为研究问题, 因此只关注相对变化, 尽可能地将模拟的情况进行了简单化处理。

9.4　个体逃生战术有效性的评价指标

面对捕食鱼的攻击, 被食鱼采取各种各样的个体逃生战术以求成功逃生。本模型中被食鱼的个体逃生战术是指其分配于逃生行为、模仿行为以及碰撞回避行为的比例 γ_{ES}^{E}、γ_{AL}^{E}、γ_{AV}^{E}。至于究竟怎样的逃生战术最为有效, 本模型中采用两个变量对遭受一条捕食鱼持续攻击时鱼所采取的逃生战术的有效性进行评估。一个是从捕食鱼开始攻击到成功捕食 (捕食到第一条被食鱼) 的时间, 我们将其定义为成功捕食时间。显然, 成功捕食时间越长, 被食鱼的逃生战术越有效。另一个是在一定时间内被捕食的被食鱼占鱼群中所有被食鱼的比例, 简称捕食率, 显然, 捕食率越低, 被食鱼的个体逃生战术越有效。一条鱼被捕食后, 鱼群中鱼的个体数量会发生变化, 这样会使捕食变得更加容易, 不容易发现具有固定数量个体的群体行为的内在规律。因此, 一次计算机模拟将以在最长模拟时间内捕食鱼成功捕食一条被食鱼, 或是即便达到了最大模拟时间, 但仍没有实现成功捕食而终止。捕食率的操作性定义是 N 次计算机模拟中以成功捕食而终止的模拟次数在总模拟次数中所占的比例。同样的理由, 实验观测中也采用这两个量进行评价。

关于被食鱼个体逃生战术的有效性, 捕食鱼的成功捕食时间越长, 捕食率越低, 个体逃生战术越有效。捕食鱼从开始攻击到捕食到一条鱼为止的时间用 τ_{cap} 表示, 捕食率用 ρ_{cap} 表示。为了表述方便, 后续内容中有时会采用 "被捕食率" 的概念, 显然被捕食率只是将被描述的主体更换为被食鱼, 其大小与捕食率相同, 也用 ρ_{cap}

表示。

记录每次模拟中从捕食鱼开始攻击到捕食到第一条鱼为止的时间,以 N 次模拟中此时间的平均值 τ_{cap} 作为有效性的评价。计算根据下列公式进行:

$$\tau_{\mathrm{cap}} = \frac{1}{N} \sum_{m=1}^{N} \tau_{\mathrm{cap}}(m) \tag{9-14}$$

式中,$\tau_{\mathrm{cap}}(m)$ 是第 m 次模拟中的成功捕食时间。这里需要说明的是,并非每一次的计算机模拟都以捕食成功结束,如果在规定的计算机模拟时间范围内没能实现成功捕食,则成功捕食时间为计算机模拟的时间。显然这样的次数越多,对成功捕食时间的平均值的贡献越大,会使成功捕食时间增加。

捕食率的定义是 N 次计算机模拟中,一定时间内以捕食成功而结束的模拟次数占总模拟次数的比例,具体根据下面的公式进行计算:

$$\rho_{\mathrm{cap}} = \frac{1}{N} \sum_{m=1}^{N} N_{\mathrm{cap}}(m) \tag{9-15}$$

式中,$N_{\mathrm{cap}}(m)$ 是第 m 次模拟中一定时间内捕食的鱼的数量。实际上,因为每一次模拟以捕食到一条鱼或模拟时间用尽为模拟的终止条件,因此 $N_{\mathrm{cap}}(m)$ 只有两种取值可能,或 1 或 0。而 ρ_{cap} 就是 N 次模拟中成功捕食到鱼的次数在总模拟次数中所占的比例。

9.5　群体逃生行为的分析变量

这一部分,我们将采用两个变量对基于个体行为的群体逃生行为的机制进行分析。

9.5.1　捕食鱼的目标变换率

在开阔的漫无边际的海洋中，弱小的、形单影只的被食鱼如果遭遇到身体条件较好的捕食鱼的攻击，所能做的事情就是全力逃生，它所能采取的逃生战术很可能就是凭借自己的敏捷而频繁改变自己的运动方向。但如果被食鱼成群而逃，即便成为了捕食鱼的攻击目标，如果它采取不与其他鱼分开的逃生战术，很可能在下一时刻，它就能够隐身于众多的同伴当中，而其他的同伴暂时成为捕食鱼的目标。当被食鱼暂时摆脱了其被攻击目标的身份，它就无须全速前进，因此也可以得到休息，并且可逐渐补充全力逃跑时所消耗的能量。即便后续可能再次成为被攻击的目标，恢复了能量的鱼仍然可以使自己在需要以理想速度和理想运动方向逃生时，有充分的能量提供保障。从捕食鱼的角度而言，攻击目标的变换越频繁，越难以持续追踪并攻击一个目标，对一个目标的追踪时间也就会缩短，这意味着攻击越难成功。而从被食鱼的鱼群的角度而言，被攻击目标的频繁变换可以保护成为过攻击目标的鱼，平均而言，也就是保护了鱼群中的每一个个体，进而保护了整个群体。可见，攻击目标是否发生了频繁转换，对了解群体逃生行为非常重要。因此，我们将单位时间内捕食鱼的目标变换次数定义为目标变换率，用以表示攻击目标变换的频繁程度，具体由下列公式进行表示：

$$r_{\mathrm{TA}} = \frac{1}{N} \sum_{m=1}^{N} \frac{N_{\mathrm{TA}}(T_m; m)}{T_m} \tag{9-16}$$

式中，$N_{\mathrm{TA}}(T_m)$ 是第 m 次攻击中捕食鱼目标的变换次数。

9.5.2　群的分裂概率以及分裂的子群体数量

遭受捕食鱼的攻击时，被食鱼的鱼群是否分裂，如果分裂，分裂成几个子群体，这些也是分析鱼的群体逃生行为的重要指标。鱼群分裂的概率用 ρ_{split} 表示，而分裂的子群体数量用 N_{grp} 来表示。

在模拟当中,我们采用一定的方法来判别鱼群是否分裂,并累加子群的数量。这一方法是,鱼群中每一个个体的吸引区域之内至少有一条同伴的鱼的总数是否与鱼群中鱼的总数相同,如果等于鱼的总数,则可判断鱼群未分裂;如果少于总数,则可判断鱼群已经分裂,而分裂的子群体的数量就是鱼群中鱼的总数小于初始总数的鱼群的数量。

9.6 捕食鱼和被食鱼个体行为的参数

现实当中,鱼的感觉器官的灵敏度以及鱼的运动能力存在差异,表示不同的鱼的身体条件和行为能力的参数也应该不同,但考虑到群的均一性,我们的模拟中只要是标准群成员都具有相同的个体行为参数。在考察异质鱼对鱼的群体行为的影响时,赋予了异质鱼以不同的个体行为参数。

9.6.1 被食鱼的秩序性群体行为的参数和逃生战术的参数

1. 相互作用区域

鱼的相互作用区域与第 5 章的图 5.1 中表示的相同,在此不做赘述。

2. 危险反应区域

在考察模仿行为、碰撞回避行为以及逃生行为系数的不同所带来的群体逃生行为的不同时,将危险反应区域 $R_{\mathrm{dan},i}$ 设定为 2.5BL。在考察危险反应区域对鱼群群体逃生行为的影响时,分别对 $R_{\mathrm{dan},i}$ 等于 2.5BL、2.8BL 和 3.0BL 的三种情况进行了模拟实验。

3. 死角

鉴于观测中发现鱼进行模仿行为时，只选择视觉上能够确认的同伴作为模仿对象，因此在我们的模拟中，鱼不会选择它的死角范围内的同伴作为自己的模仿对象。但在遭遇捕食鱼的攻击时，也就是需要采取逃生行为时，不仅是视觉信息，从水流以及水压的变动中鱼也可以感知到危险的迫近，所以模拟中，即便捕食鱼出现在鱼的死角范围之内，也能感知到捕食鱼的运动方向和位置，进而采取逃生行为。

4. 模仿行为、碰撞回避行为和逃生行为系数

面对捕食鱼的攻击，鱼群中的鱼会调节由公式 (9-4) 给出的 γ_{AL}^E、γ_{AV}^E 以及 γ_{ES}^E 的数值，以适当的比例分配于模仿行为、碰撞回避行为和逃生行为，进而实现最优群体逃生行为。

尽管在遭受捕食鱼攻击的情况下，没有感觉到面临被捕食危险的鱼依然进行通常的秩序性群体行为。第二部分中我们曾经介绍了，在不存在被捕食危险的情况下，通过对鱼群的极性、碰撞频率以及对外界扰动的稳定性的评估可知，模仿行为系数在 0.7 时可以生成最好的秩序性群体行为。当时，我们并没有考虑能量的消耗。但当受捕食鱼的攻击时，由于被食鱼的行为战术中有速度的调节，因此考虑鱼的能量消耗可以更加准确地描述被食鱼的逃生行为，也就可以更加准确地了解鱼的群体行为。在这种情况下，考察鱼群得到保持的概率，我们称为群维持率，以及每一条鱼的能量保持状况随行为系数 γ_{AL} 和 γ_{AV} 发生怎样的变化，寻找不存在捕食鱼时 γ_{AL} 的最优值是非常必要的。

以 ρ_{ns} 来表示鱼群的保持率，E_{mean} 表示鱼群中各条鱼所保有的能量的平均值，它们的计算则分别通过公式 (9-17) 和式 (9-18) 进行：

$$\rho_{\text{ns}} = \frac{N_{\text{ns}}}{N} \tag{9-17}$$

式中，N 是模拟次数；N_{ns} 是鱼群在模拟结束时分裂的次数。

$$E_{\text{mean}} = \frac{1}{N_{\text{fish}} \cdot N \cdot T} \sum_{i=1}^{N_{\text{fish}}} \sum_{n=1}^{N} \sum_{t=1}^{T} e_{i,n,t} \tag{9-18}$$

式中，T 是模拟的执行时间；N 是模拟的次数；$e_{i,n,t}$ 是第 n 次模拟中鱼 i 在 t 时刻的能量。

本研究对由 30 条鱼构成的鱼群进行了模拟，模仿行为系数 γ_{AL} 在 $0.1 \sim 1$ 变动，每一次的模拟持续 2000 个单位时间，考察了鱼的能量变化和群维持率。

鱼的能量同模仿行为系数之间的关系表示在图 9.2 中。模仿行为系数 γ_{AL} 小于 0.7 的情况下，未观察到明显的能量消耗，模仿行为系数 γ_{AL} 大于 0.8 的情况下，能量消耗明显增加。

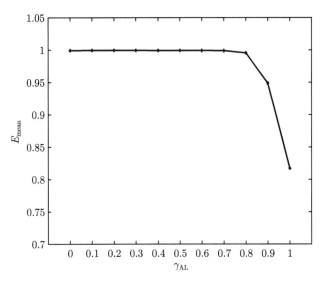

图 9.2 所有鱼的平均能量与模仿行为系数之间的关系

图 9.3 中呈现了鱼群的维持率和模仿行为系数之间的关系。在第二部分当中，没有考虑能量消耗，因此，随着模仿行为系数的增

加，鱼群维持率也增加。而本部分的模拟中，当模仿行为系数接近 1 时，碰撞回避行为系数 γ_{AV} 减小，导致鱼的碰撞次数增加，也导致了由此产生的能量消耗的急剧增加。能量 $E_i(t)$ 变小的鱼，根据公式 (9-6) 所表示的一次可改变的运动方向改变的角度变小，由公式 (9-10) 所表示的行进速度也变小。如此一来，该鱼无法追随鱼群的其他成员，而最终导致鱼群的溃散。从此图中可见，$\gamma_{AL} = 0.7$ 的情况下鱼群的群维持率最高。

综合考虑鱼的能量消耗和群维持率这两个变量，在考虑了鱼的能量消耗的情况下，$\gamma_{AL} = 0.7$ 时可以生成最优群体行为。

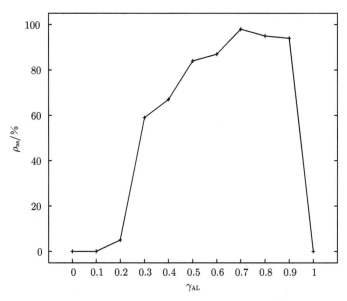

图 9.3　鱼群的维持率和模仿行为系数之间的关系

根据上述分析，本研究假定，即便是存在捕食鱼的情况，进行秩序性群体行为的鱼群中的鱼，在没有感觉到被捕食的危险时所进行的模仿行为和碰撞回避行为的比例为 7:3，也就是模仿行为系数和碰撞回避行为系数分别是 0.7 和 0.3；感觉到被捕食的危险时，采取模仿行为系数 γ_{AL}^{E} 和碰撞回避行为系数 γ_{AV}^{E} 也遵循 7:3 的比例，

与逃生行为系数 γ_{ES}^E 之和等于 1 的行为。为了考察这三个行为系数的变化对群体逃生行为有怎样的影响，本研究的计算机模拟中三个行为系数的取值按照表 9.1 中所表示的 11 种比例进行。

表 9.1 计算机模拟中所采用的逃生行为、模仿行为和碰撞回避行为的比例

γ_{ES}^E	γ_{AL}^E	γ_{AV}^E
0.0	0.70	0.30
0.1	0.63	0.27
0.2	0.56	0.24
0.3	0.49	0.21
0.4	0.42	0.18
0.5	0.35	0.15
0.6	0.28	0.12
0.7	0.21	0.09
0.8	0.14	0.06
0.9	0.07	0.03
1.0	0.00	0.00

5. 代表逃离方向的角度 θ_i

被食鱼可以控制的另一个战术是公式 (9-5) 所定义的逃离方向。本模型中将决定逃离方向的角度 θ_i 设定为 30°。角度 $\theta_i = 30°$ 是根据对真实鱼进行的实际观测研究[33] 所得到的数值而确定的。

6. 能量消耗的参数

在计算机模拟实验中，公式 (9-1) 中参数的数值分别设定为 $q = 0.001$、$p = 0.002$、$\epsilon_{\mathrm{coll}} = 0.001$。这些数值的设定，以能量消耗的各项基本在同一尺度，以及使鱼全速行进时除却能量的消耗，在 180 个单位时间内其保有能量达到能量最大值的 80% 为原则。

9.6.2   表征捕食鱼能力的参数

1. 视野区域

为了使鱼群能够持续出现在捕食鱼的视野中，从而能够持续追踪，我们特意把捕食鱼的视野 R_{VIEW} 设置得足够大，具体为 $R_{\text{VIEW}} = 10\text{PDBL}$，式中，PDBL 是捕食鱼的身长。

2. 转换方向的最大角度

计算机模拟中采用了两种方向转换能力的捕食鱼 (参考公式 (9.12))。方向转换的最大值 $\Delta A_{\max}$ 分别是 $13°$ 和 $30°$。

3. 最大速度

根据前面的介绍，捕食鱼不仅身长上长于被食鱼，其最大速度上也优于被食鱼。模拟中设定的捕食鱼的最大速度 $V_{\max}$ 比被食鱼的最大速度大，具体为 $3.0v_{\text{av}}$，即为被食鱼平均速度的 3 倍。

第10章　最优群体逃生行为中鱼个体的逃生战术

面对捕食鱼的攻击，每一条个体鱼采取怎样的行为能够使鱼群生成最优的群体逃生行为，这一问题的明确对揭示鱼群的行为机制有着重要的意义。

个体鱼的逃生战术通过逃生行为、模仿行为、碰撞回避行为的比例（$\gamma_{\mathrm{ES},i}^{E}$、$\gamma_{\mathrm{AL},i}^{E}$、$\gamma_{\mathrm{AV},i}^{E}$）、危险反应区域的大小 $R_{\mathrm{dan},i}$ 以及逃离方向的转换角度 θ_i 共五个变量的调整来实现，其中个体行为的比例需要满足条件 $\gamma_{\mathrm{ES},i}^{E}+\gamma_{\mathrm{AL},i}^{E}+\gamma_{\mathrm{AV},i}^{E}=1$。

如前所述，群体逃生行为是否为最优，其评估需要综合考虑两个变量，一个是捕食鱼的成功捕食时间，一个是捕食率。成功捕食时间是从模拟开始到第一条鱼被捕食鱼捕获的时间 τ_{cap}，捕食率则是一定时间范围内被捕食鱼捕获的鱼的数量占鱼群规模的比例 ρ_{cap}。

为了寻找最优行为战术，鱼的个体所进行的逃生行为、模仿行为和碰撞回避行为的比例采用了表 9.1 中所列出的所有组合，通过穷尽这些组合进行模拟来考察这三种行为按照不同比例贡献于鱼的个体在每一时刻的最终行为时，鱼的群体逃生行为发生怎样的变化，并寻找出可以产生最优群体逃生行为的最优个体行为组合，为此我们对表 9.1 中所列出的每一组鱼的个体行为的比例情况进行了模拟。这部分模拟中鱼群的规模被设定为 30 条，对每一种组合，均进行 100 次的重复模拟，并计算各组合下 τ_{cap} 和 ρ_{cap} 的数值。所有模拟中，$R_{\mathrm{dan},i}$ 和 θ_i 分别固定为 2.5BL 和 30°。对于捕食鱼的攻击方法中的目标选择范围，则设定为 (图 9.1) 从捕食鱼指向攻击目标的左右 90°、纵深为 1BL 的空间范围，捕食鱼的最大速度为 $V_{\max} = 3.0v_{\mathrm{av}}$，最大可转换的角度则为 $\Delta A_{\max} = 13°$。

10.1　被食鱼的逃生行为系数 γ_{ES}^{E} 与捕食鱼的成功捕食时间 τ_{cap} 之间的关系

图 10.1 展示了被食鱼的个体进行逃生行为系数 γ_{ES}^{E} 与捕食鱼成功捕食时间 τ_{cap} 之间的关系。由二者的关系曲线可知，不同的被食鱼逃生行为系数 γ_{ES}^{E} 甚至可以带来 10 倍左右的捕食鱼成功捕食时间 τ_{cap} 的差异。更为重要的是，尖锐峰值的存在意味着鱼的个体如果采取适当的比例进行逃生行为、模仿行为和碰撞回避行为，在应对捕食鱼攻击的逃生行为中，群的效果就可以得到最大限度的发挥，也就是说，鱼的个体可以通过行为战术的调整而创造出最优群体逃生行为。

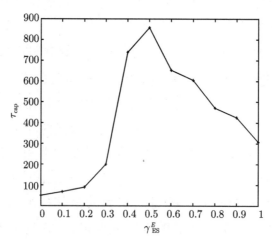

图 10.1　被食鱼个体逃生行为 γ_{ES}^{E} 与捕食鱼成功捕食时间 τ_{cap}
之间的关系

10.2 被食鱼的逃生行为系数 γ_{ES}^{E} 与捕食鱼的捕食成功率 ρ_{cap} 之间的关系

除了成功捕食时间, 还有一个变量可以体现鱼的群体逃生行为的效果, 那就是捕食鱼的捕食成功率。正如前面所介绍的, 被食鱼的逃生行为系数 γ_{ES}^{E} 的变化带来了捕食鱼的成功捕食时间的极大差异, 我们自然会问一个问题, 被食鱼的逃生行为系数 γ_{ES}^{E} 的变化是否也可以同样带来捕食鱼的捕食成功率的变化? 图 10.2 中呈现的是被食鱼的个体进行逃生行为系数与捕食鱼的捕食成功率之间的关系。为了考察鱼个体的逃生行为系数对捕食成功率的影响, 我们分别计算了模拟时间为 1000 个和 2000 个时间步长内捕获到鱼的模拟次数占总模拟次数的比例。由图可见, 当被食鱼的逃生行为系数很小时, 捕食鱼的捕食成功率很高。当被食鱼进行逃生行

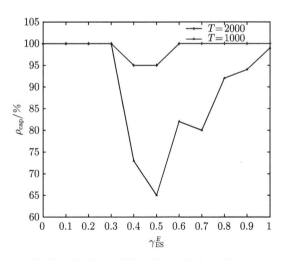

图 10.2　被食鱼的个体逃生行为系数 γ_{ES}^{E} 与捕食鱼捕食率 ρ_{cap} 之间的关系

为系数 γ_{ES}^E 的数值接近 0.5 时，捕食鱼的捕食成功率 ρ_{cap} 最小，γ_{ES}^E 继续增加，ρ_{cap} 也会随之增加。这很可能是因为当被食鱼的个体所进行的行为中逃生行为系数较小，鱼过度重视了秩序性群体行为的维持，而忽视了逃生行为的进行，反映在被食鱼的行为上，既体现在其运动速度的调节，也体现在其转换角度的调节。从图中我们还可以看出，这一倾向与模拟时间不存在依赖关系。

10.3　最优个体逃生战术存在的理由

当被食鱼的个体采取一定的逃生战术 (此处指 γ_{ES}^E 的数值) 时，可以使鱼群形成最优群体逃生行为。下面我们来分析为什么这一战术可以生成最优群体逃生行为。这里的最优群体逃生行为是指在存在捕食鱼的情况下，通过调节分配于逃生行为系数 γ_{ES}^E，实现个体的逃生战术，并且使捕食鱼的成功捕食时间为可能的最长范围，使捕食鱼的捕食成功率为最小。关于各种群体逃生行为中秩序性群体行为为什么是最优群体逃生行为，我们将在下面进行考察。

为了回答上面提出的问题，我们需要计算下面几个变量，并对这些变量对逃生行为系数 γ_{ES}^E 的依赖性进行分析。

10.3.1　成为目标起到被捕获的时间

如图 10.3 所示，在逃生行为系数 γ_{ES}^E 很小时，鱼即便感知到了捕食鱼的危险，但由于逃生行为系数较小，与并未感知到危险的鱼 (仅进行模仿行为和碰撞回避行为) 的行为之间并没有太大的差异，因此，很快就会被捕获。随着 γ_{ES}^E 的不断加大，分配于逃生行为系数增加，鱼群中的鱼不易被捕获。为了具体了解其中的过程，我们还考察了被食鱼被连续追踪的时间 (被捕食的鱼从被捕食前最后一次成为攻击目标到被捕获所经历的时间) 与逃生行为系数 γ_{ES}^E

之间的关系。从图 10.3 中可见，随着 γ_{ES}^{E} 的增加，被食鱼从最后成为攻击目标到被捕获所经历的时间也变长。

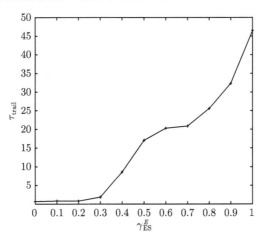

图 10.3　被捕食的鱼被连续追踪的时间与个体逃生行为系数 γ_{ES}^{E} 之间的关系

10.3.2　因遭遇捕食鱼的攻击而导致鱼群分裂的情况

逃生行为系数 γ_{ES}^{E} 的增加，意味着被食鱼增加了逃离捕食鱼的行为比例，由于模仿行为、碰撞回避行为和逃生行为之间的约束关系，模仿行为自然受到影响，在总行为中的比例也随之下降。这样的变化所导致的结果是，在捕食鱼的攻击之下，逃生行为系数 γ_{ES}^{E} 越大，鱼群就越容易分裂。而鱼群一旦分裂为几个小规模群体，捕食鱼就会锁定其中的一个小群，因而可能成为其攻击目标的鱼的数量自然也就会减少为小群中鱼的数量，捕食也就变得相对容易 (关于鱼群的个体数量与 τ_{cap} 和 ρ_{cap} 的关系，将在 10.4 节中详细阐述)。

图 10.4 是在逃生行为系数 γ_{ES}^{E} 取不同数值的情况下，在捕食鱼成功捕食时间内鱼群分裂的概率。除此之外，我们还计算了到模拟结束时由大鱼群分裂而成的小规模鱼群的数量的平均值，具体见图 10.5。

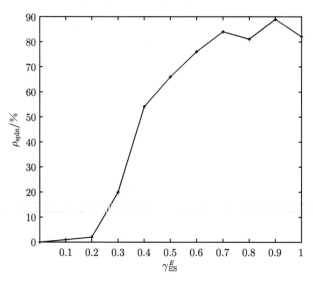

图 10.4　鱼群分裂的概率与个体逃生行为系数 γ_{ES}^{E} 之间的关系

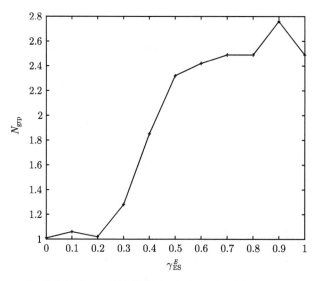

图 10.5　分裂成的小鱼群的数量与逃生行为系数 γ_{ES}^{E} 之间的关系

　　由图可知，当逃生系数 γ_{ES}^{E} 大于 0.4 时，鱼群分裂的概率超过了 50%，并且随着 γ_{ES}^{E} 的增加，分裂概率平缓增加。除了分裂概率，图 10.5 还提供了分裂成的小鱼群数量的信息，即随着 γ_{ES}^{E} 的增加，鱼群分裂为两个以上的小规模鱼群。从分裂成的小鱼群数量的增加可知，每一个小鱼群的个体数量是减少的。当然，仅从这一数据还无法判断最优逃生战术是否出现于 $\gamma_{\mathrm{ES}}^E = 0.5$。不过，这个数据可以说明的是，在捕食鱼的攻击目标只有"只身一人"的情况下，被食鱼的逃生行为系数 γ_{ES}^E 越大，越不容易被捕获；而对于鱼的群体行为产生的逃生效果，逃生行为系数 γ_{ES}^E 越小，其效果越明显。显然，这两个效果是相反的。

10.3.3 单位时间内捕食鱼攻击目标的变换次数

如前所述，我们认为鱼群中的鱼在进行逃生行为的过程中，无论是怎样的原因所致，只要攻击目标频繁变更，就会导致捕食鱼的捕食行为难以成功。为了验证这一观点，我们考察了随着逃生行为系数 γ_{ES}^E 的变化，单位时间内捕食鱼攻击目标的变更次数的变化。

由图 10.6 所呈现的结果可知，逃生行为系数 $\gamma_{\mathrm{ES}}^E < 0.3$ 的情况下，单位时间内捕食鱼的目标变换次数很高；$\gamma_{\mathrm{ES}}^E \geqslant 0.3$ 的范围内，$\gamma_{\mathrm{ES}}^E = 0.5$ 时单位时间内捕食鱼的目标变换次数达到最大值。$\gamma_{\mathrm{ES}}^E < 0.3$ 的情况下，由图 10.3 可见，被食鱼从成为攻击目标到被捕食的时间 (τ_{trail}) 很短，可见，因目标变换而起到的避免被捕食的效果 (也就是混乱效果) 并没有发挥作用。

在 $\gamma_{\mathrm{ES}}^E \geqslant 0.3$ 的情况下，单位时间内目标的变更次数对逃生行为系数 γ_{ES}^E 的依赖关系，与捕食鱼的成功捕食时间 τ_{cap} 对 γ_{ES}^E 的依赖关系 (图 10.1) 从定性上而言是相似的。从这一结果看来，应该可以认为由最优的逃生行为系数 γ_{ES}^E 所表示的逃生行为是使混乱效果达到最大的逃生行为。尽管单位时间跨度内捕食鱼的攻击目标变换次数的差值很小，但经过数百个时间步长的积累，应该会带来捕食率上较大的差值。

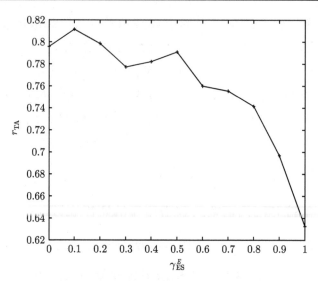

图 10.6　捕食鱼攻击目标的变更率与逃生行为系数 γ_{ES}^{E} 的关系

10.4　鱼群规模的效果

实验观测发现, 随着鱼群规模 (个体数量) 的增加, 捕食鱼成功捕食到一条鱼所需要的时间增加, 但当鱼群规模增加到一定程度后, 这一时间将不再发生变化。

本节中, 我们将考虑这样的鱼群规模的效果是怎样出现的。采用我们的模型, 将鱼的个体数 N_{fish} 从 2 增加到 50, 进行了捕食模拟。

固定捕食鱼的攻击方法和各条鱼的逃生战术, 鱼群规模在 2 ~ 50 范围内取值, 考察捕食鱼的目标变更率和鱼群规模的关系。捕食鱼的行为参数为 $V_{\text{max}} = 3.0v_{\text{av}}$, $\Delta A = 13°$。被食鱼的逃生能力参数为 $v_{\text{max}} = 2.5v_{\text{av}}$, $\theta = 30°$、$R_{\text{dan},i} = 2.5\text{BL}$, 逃生战术参数为 $\gamma_{ES}^{E} = 0.50$、$\gamma_{AL}^{E} = 0.35$、$\gamma_{ES}^{E} = 0.13$, 结果见图 10.7。图中展示的是 100 次模拟 (每次的模拟时间为 2000 时间步长) 的平均值。

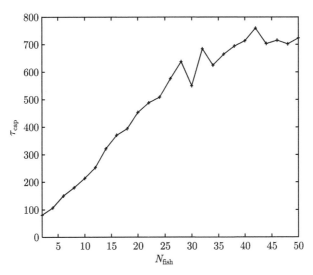

图 10.7　鱼群规模与捕食鱼成功捕食时间 τ_{cap} 之间的关系

10.4.1　鱼群规模对成功捕食时间 $\boldsymbol{\tau_{\mathrm{cap}}}$ 的影响

为了考察随着鱼群中鱼的数量的变化, 鱼的逃生状况发生怎样的改变, 我们考察了从捕食鱼开始攻击到第一条鱼被捕食的时间, 即捕食鱼成功捕食时间 τ_{cap} 的变化情况, 其结果见图 10.7。图中展示了 100 次模拟结果的平均值。

图 10.7 的横轴是鱼群规模, 纵轴是捕食鱼的成功捕食时间。该图明确展示了捕食鱼的成功捕食时间随鱼群规模的增加而增加, 但在达到一定规模之后即达到稳定而不再有明显的变化。这一结果与观测结果相一致。

10.4.2　鱼群规模效果产生的原因

为揭示图 10.7 中所呈现的鱼群规模的效果的原因, 改变鱼群规模, 计算攻击目标变换率, 即单位时间内捕食鱼的攻击目标变换次数, 其结果见图 10.8。如图所示, 鱼群规模对目标变换率的影响与其对成功捕食时间 τ_{cap} 的影响极为相似。

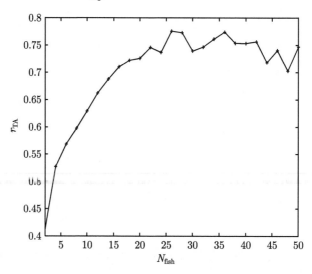

图 10.8　捕食鱼的目标变更率与鱼群规模的关系

　　这表明，由鱼群规模变大而带来的捕食回避的增加，以由鱼群规模变大而带来的混乱效果为主要原因。

　　由体长较小的鱼组成的鱼群，采用各种战术，带给捕食鱼以感觉和认知上的混乱。它们不需要使用什么特殊技能，只是从外观上看大量极其相似的鱼集中在一起，就可以阻碍捕食鱼持续追踪并集中攻击一条被食鱼。

　　到目前为止还有一个很重要的问题我们没能解答，那就是只要外观上极其相似的鱼集结在一起就可以得到我们所揭示的群体逃生效果，还是只有进行秩序性行为的群体才可以得到？这一问题我们将在第 11 章进行介绍。

10.4.3　危险反应区域大小带来的影响

　　作为被食鱼个体的自我保护战术之一，被食鱼可以通过调整危险反应区域的大小来改变其行为战术。

从前面的介绍中我们得知,危险反应区域是被食鱼从行为上对捕食鱼进行反应的区域,这一区域是以被食鱼为中心的一个圆形区域。我们之所以称其为危险反应区域是因为作为被食鱼,它对遭遇到捕食鱼时所采取的行为上的反应,并非一经视觉和侧线感知到捕食鱼的存在就马上在行为上采取措施,如全速逃生,而是静观其变,只有当感知到捕食鱼进入被食鱼自身认为不安全的区域时才采取相应的行为。

通常我们认为,危险反应区域越大,越可以使被食鱼较早地对捕食鱼的进攻采取相应措施,而使其得以成功逃脱捕食鱼的攻击。事实究竟怎样?我们一起来看一看计算机模拟的结果。

图 10.9 展示了鱼的逃生行为方向为与当前运动方向成 $\theta = 30°$ 时,鱼个体的逃生行为系数 γ_{ES}^{E} 与捕食鱼的成功捕食时间 τ_{cap} 之间的关系。三条曲线分别是危险反应区域的半径为 2.5BL、2.8BL、3.0BL 的情况下的结果。

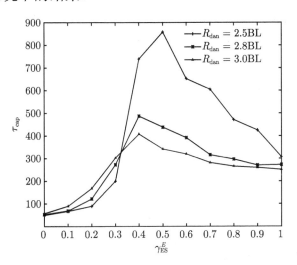

图 10.9 不同危险反应区域下鱼个体逃生行为系数 γ_{ES}^{E} 对捕食鱼成功捕食时间 τ_{cap} 的关系

当危险反应区域的半径为 2.8BL 时,捕食鱼的成功捕食时间

τ_{cap} 的数值为半径为 2.5BL 时的数值的一半以下，并且其峰值所对应的逃生行为系数小于危险反应区域半径为 2.5BL 时的峰值所对应的逃生行为系数。这是因为，危险反应区域很大时，即便捕食鱼距离鱼群还很远，鱼群中的鱼就开始采取逃生行为，而采取逃生行为的鱼的增加，会使鱼群容易溃散。一旦鱼群溃散，身体条件以及能力上逊色于捕食鱼的被食鱼往往成了只身逃生，鱼群带来的三种效果 —— 稀释效果、混乱效果和秩序性群体行为的效果不复存在，鱼反而容易被捕食。因此，为了保证鱼群不致溃散，需要鱼更大比例地进行模仿行为，其结果就是鱼的逃生行为系数变小。即便如此，τ_{cap} 的峰值比起危险反应区域半径为 2.5BL 的情况的峰值依旧有很大差别，也就是无法通过调整最优行为的比例来弥补危险反应区域的增加所带来的缺陷。

危险反应区域的半径增加到 3.0BL 的情况下，逃生行为系数从 0.0 增加到 0.4 时，捕食鱼的成功捕食时间 τ_{cap} 增加，但即便逃生行为系数继续增加，成功捕食时间 τ_{cap} 将不再产生大的变化。这是因为鱼进行逃生行为的方向参数为 $\theta = 30°$，当逃生行为系数超过某一个数值时，相应的模仿行为的比例就会小于某一数值，其所导致的间接后果就是当捕食鱼距离鱼群很远时，被食鱼就采取逃生行为，鱼群也就因此而在很短的时间内溃散，同样，鱼群的三个效果无法得以显现。因此，在这种情况下，并没有明显的峰值出现。

10.4.4　因鱼群规模的变化导致的最优逃生行为系数 γ_{ES}^{E} 的变化

到目前为止，在遭到捕食鱼攻击时鱼的最优群体逃生行为的计算机模拟中，被食鱼的鱼群中鱼的个体数量均设定为 30。我相信读到这里，会有读者问到一个问题，一个鱼群的规模，也就是组成鱼群的鱼的个体数量对形成最优群体逃生行为的鱼的个体逃生战术是否有影响? 为了研究这一问题, 我们采用三种鱼群规模, 即组成鱼群的鱼的个体数量分别是 20、30 和 40, 分别进行计算机模拟, 并考察捕食鱼的成功捕食时间 τ_{cap} 与被食鱼的逃生行为系数 γ_{ES}^{E} 之间的关系。

图 10.10 中呈现了鱼群规模分别是 20、30 和 40 的情况下, 捕食鱼的成功捕食时间 τ_{cap} 与被食鱼个体的逃生行为系数 γ_{ES}^{E} 之间的关系。由图可知, 即便鱼群的规模发生变化, 生成最优群体逃生行为的个体逃生行为系数也基本不发生任何变化。这样的结果让我们非常开心, 这说明了形成最优群体逃生行为的鱼的个体行为战术是有效的, 也是稳定的。从 20 到 40 尽管没有从数条到成千上万条跨度大, 但这已经在一定程度上说明了形成最优群体逃生行为的鱼的个体行为战术的有效性和稳定性。

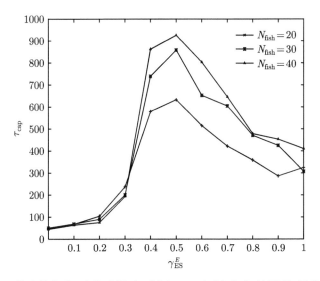

图 10.10 不同群大小下成功捕食时间 τ_{cap} 与被食鱼的逃生行为系数 γ_{ES}^{E} 之间的关系

10.5　由鱼的群体逃生行为所想到的

　　鱼的群体行为与人的群体行为之间的本质差别在于，构成鱼群的鱼的个体具有很好的均质性，这不仅体现在外观上，如体型、身长、花色，更重要的体现在它们能力上的相近和地位上的平等。鱼群中所有的鱼几乎在最大速度和最大方向转换上能力相当，而它们所利用的信息也都是基于身体周围局部空间的关于其他鱼和捕食鱼的信息，它们生来平等，无孰优孰劣之分。人的群体实则不然，构成群体的成员不仅在生物学指标，如年龄、性别等方面存在差异，往往在个性上、能力上也会有很大的不同。但实际上，无论存在多少不同，一个群体之所以能成为群体，就是其成员间拥有某一个共同的目的，在这一共同目的的驱使下，所有成员间可以达成一致的行为规则，也就相当于所有成员间形成人为的平等，这样的群体行为能做到什么？我们是否可以从鱼的群体行为中得到些启发？

　　首先，遭遇捕食鱼的情况可以类比于人的群体行为在目标实现上遇到阻碍甚至威胁。实际上，对于单枪匹马即可完成的行为目标是不需要形成群体行为也无法形成群体行为的，而凡是需要以群体形式进行的行为，必定是所有成员都希望从群体中获得利益的行为。当只考虑人的群体只有一个共同的行为目标时，人的群体行为的形成也可以视为人的个体具有几种基本行为，模仿行为 (为了不与其他个体行为有过大差异)、私人空间保有行为和危险规避行为。类比于鱼的群体逃生行为，如果个人过于注重个体行为中的危险规避行为，必定会带来群效果的破坏。因此，所有群成员需要将自己的行为按照一定的比例进行分配，从而形成最优群体行为。当有危险临近时不采取措施会导致个体利益直接受到损害；而过度采取措施，则会导致群体分崩离析，只有在个体的基本行为达到最优比例时，才能形成最优群体危险规避行为。

　　并不是说某一项提议或好的方案的提出不需要有真知灼见的个体，而是说群体的所有成员，在拥有一个共同的目标，并通过行为而追求目标的实现时，需要大家遵循共同的行为规则。究竟如何才能达到最好的平衡，则是需要不断探索的。

第11章 并行游动效果与最优群体逃生行为

二胜一，三胜二，多胜少。关于在群体中鱼可以得到怎样的好处的问题，稀释效果、信息搜集效果和混乱效果已经是很好的解答。多寡之别，的确带来了强大的效果，除此之外，再无其他吗？在没有捕食鱼攻击的情况下，鱼群进行秩序性群体行为；当受到捕食鱼攻击时，现实当中可观察到更强的秩序性群体行为，那么这些秩序性群体行为显然有过于普通群体之处，这过人之处到底是什么？

11.1　杂聚群与有序群的比较

迄今为止有很多研究揭示了当存在捕食鱼攻击的情况下，鱼集结成群可以带来诸多好处，这些好处包括稀释效果、信息搜集效果和混乱效果等[43]。但是，在这些研究中，鱼群仅仅是由众多个体组成的群体。鱼集结为群，进行群体行为所带来的效果也仅仅是由多个个体形成的群体的效果，即数量的多寡是群的效果的根源，而秩序性群体行为的效果并未被提及，也就是说，我们尚不清楚为什么鱼或其他动物要进行秩序性群体行为。实际上第 1 章已经介绍了，鱼群在遭受捕食鱼的攻击时，经常会出现秩序性群体逃生行为。这样的现象绝非偶然，它很可能预示了在鱼群遭受捕食鱼攻击时，比起只是由多个个体聚集在一起而进行无序的群体行为，秩序性群体行为会带来更多的好处。

那么，在遭遇捕食鱼攻击时，鱼的秩序性群体行为会带来怎样的好处，又是依靠怎样的机制而带来好处的？或者说，秩序性群体行为为什么可以生成最优群体逃生行为？显然这其中最为关键的是秩序性。由同样数量的个体构成的群体，一个进行秩序性群体行为，一个进行无序性群体行为。这样的两个群体，在遭受捕食鱼攻击时，会有怎样的表现？为了回答这些问题，有一个方法可以尝试，那就是比较进行秩序性群体行为的有序群和进行无序性群体行为的杂聚群在面对捕食鱼攻击时的表现是否存在差异。

因此，本章考察在遭受捕食鱼的攻击时，进行秩序性群体行为的有序群和仅仅由很多条鱼聚集在一起而进行无序性群体行为的杂聚群在逃生效率上是否存在差异，如果存在差异，这种差异产生的根源是什么。为了回答上述问题，我们进行了各种巧妙的设计，并进行了相应的计算机模拟实验。根据模拟实验的结果，尝试去发现秩序性群体行为可以生成最优群体逃生行为的原因。

11.2 杂聚群的混乱效果

11.2.1 杂聚群模型及杂聚群的生成

杂聚群和进行秩序性群体行为的有序群的本质区别在于是否具有群整体的方向性，也就是是否具有群体行为的秩序性。通过第 1 章的介绍，我们已经对有序群的秩序性群体行为和杂聚群的无序性有了一定的了解，第 2 章中我们又进一步对有序群的秩序性群体行为的特征进行了深入研究。计算机模拟的优势在于在一定程度上了解了一个事物或现象之后，可以创建这一事物或现象以进一步深入了解。为了通过计算机模拟对有序群和杂聚群在遭遇捕食鱼攻击时的表现进行比较，我们首先要做的事情就是构建可以生成杂聚群的模型。

在秩序性群体行为的生成模型中，鱼在一定空间范围内的聚集依靠的是鱼群中的个体向其他个体的趋近行为，也就是吸引行为；而赋予整个群以具有一定规律的方向性的则是鱼群中的鱼之间的并行游动行为。在我们的模型中这两种行为同属于模仿行为，与所模仿对象之间的距离决定了鱼的个体该采取的是趋近行为还是并行游动行为。

如此看来，不具有一定的整体方向性的杂聚群的生成，只需要将本模型中的模仿行为做些调整，移除其中的并行游动行为，仅保留趋近行为即可。当然，为了防止碰撞的发生，仍然需要考虑碰撞回避行为。至此，我们以有序群的生成模型为基础，构建了杂聚群的生成模型。在不存在捕食鱼攻击的情况下，杂聚群中各条鱼的行为由为使鱼聚集在一定空间范围的模仿行为 (模仿行为仅保留趋近游动) 和与其他鱼不发生碰撞的碰撞回避行为组成。

在杂聚群的生成模型中，鱼个体的并行区域被划归到了吸引区域。这意味着只要鱼个体的模仿对象出现在它的吸引区域，鱼就会采取趋近行为。

当然，在遭受捕食鱼攻击的情况下，鱼的个体除了进行模仿行为和碰撞回避行为，同时还要进行逃生行为。

在不存在被捕食危险的情况下，怎样评价根据我们构建的模型而生成的杂聚群？换句话说，怎样的杂聚群为最优杂聚群呢？这一部分中，每一条鱼都具有能量，也会因为运动或者碰撞而造成能量损失。因此，我们使用两个变量对杂聚群进行评价，一个是鱼群的群维持率，即在一段时间的模拟中不分裂的概率，以及鱼群中所有鱼的保有能量的平均值。一个拥有高群维持率以及高保有能量的鱼群即可被认定为是好的杂聚群。在鱼的个体之间的相互作用区域确定的情况下，我们将改变鱼个体的模仿行为和碰撞回避行为的比例，并在该比例下计算鱼群的群维持率及鱼的能量保有情况。鱼群的群维持率和鱼保有能量的平均值的计算可根据 9.6.1 节中的式

(9-17) 和式 (9-18) 进行。

为了考察鱼群的维持状况以及能量保有状况与每条鱼的模仿行为系数 γ_{AL} 之间的关系，对由 30 条鱼构成的鱼群，使各条鱼的模仿行为系数 γ_{AL} 在 $0.0 \sim 1.0$ 以 0.1 为单位变化，在每一个取值点，进行 100 次计算机模拟 (每次模拟持续 2000 个时间步长)。在这样的模拟条件下，计算鱼群的群维持率 ρ_{ns} 以及群中所有鱼的能量的平均值 E_{mean}。模拟的初始条件为 30 条鱼分布在一定范围的区域中，其位置和方向均为随机分布。

从图 11.1 中不难发现，当鱼个体的模仿行为系数取值为 0.2 时，鱼群的群维持率 ρ_{ns} 为最大值。这是由于当各条鱼的模仿行为系数小于 0.2 时，鱼的碰撞回避行为系数大于 0.8，因此，鱼过度注重碰撞回避行为，即便与其他鱼的距离过大 (处于吸引区域) 需要其进行模仿行为，确切而言是趋近游动，但由于模仿行为系数过小，鱼的个体聚集在一起的作用偏弱，致使鱼的个体不易生成群体行为，或者即便生成了也容易发生分裂。当鱼个体的模仿行为系数大于 0.2 时，鱼的个体聚集在一起而不从群中散离出来的趋近行为得到一定程度的偏重，这种情况下，如果不考虑能量消耗，完全可以使鱼聚集在一定的空间范围内而形成稳定的杂聚群。但由于鱼的行为中没有了并行游动，只要在碰撞回避区域之外，鱼就进行趋近游动，这一变化增加了碰撞发生的可能性，即便是在碰撞回避行为系数较大的情况，也会发生较为频繁的碰撞。随着模仿行为系数的增加，碰撞发生得更加频繁，其直接后果就是由碰撞而导致了较大的能量损失，进而使鱼的个体的保有能量较低，无法为其继续游动提供足够的能量，即便该鱼有很好的行为规划，也无法实现，用一句成语来表达这一状况就是"力不从心"，而这样的状况所导致的最终结果就是鱼群的溃散。这一点，我们可以从平均能量 E_{mean} 与模仿行为系数 γ_{AL} 之间的关系图中得到验证。

如图 11.2 所示，鱼群中鱼个体的平均能量随着模仿行为系数的增加而减小。这主要是因为随着模仿行为系数的增加,鱼的趋近游动增强,与此同时,碰撞回避行为系数的减小带来了碰撞回避行为的减弱,这两方面的共同作用增加了碰撞发生的概率,也直接导致了鱼个体保有能量的减少。

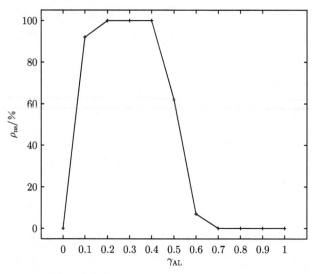

图 11.1　杂聚群的群维持率 $\rho_{\rm ns}$ 与鱼的模仿行为系数 $\gamma_{\rm AL}$ 之间的关系

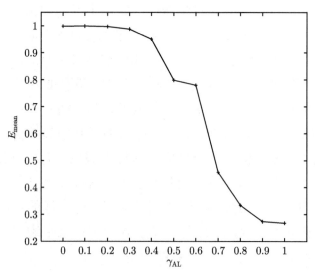

图 11.2　杂聚群中鱼个体的平均能量 $E_{\rm mean}$ 与模仿行为系数 $\gamma_{\rm AL}$ 之间的关系

综合上述结果可知，杂聚群中的鱼，当其模仿行为系数和碰撞回避行为系数分别取值 0.2 和 0.8 时，鱼群得到保持而不发生分裂的概率最高，鱼个体能量保持的状况也最好。这样的比例分配说明，在杂聚群中，鱼的主要行为为碰撞回避行为。在这种条件下游动的杂聚群的状况如图 11.3 所示，鱼群中的鱼聚集在一定范围的区域内游动，但它们游动的方向性不具有一定的规律性，因此鱼群也不像进行秩序性群体行为的有序群那样看上去像一个生物的整体在行动，鱼仅仅是聚集在一起而已。

图 11.3　杂聚群中鱼的空间位置及运动方向分布

11.2.2　杂聚群对群中个体的保护效果

很多条被食鱼聚集在一定的空间范围内，尽管不进行具有一定规律的运动 (主要是运动方向和运动速度上)，捕食鱼也很难锁定一条被食鱼作为进攻目标进行持续追踪与攻击。这主要是因为在存在多个极其相似的、可能成为捕食目标的被食鱼的情况下，为确定一个特定的捕食对象，捕食鱼需要从大量的信息当中筛选出重要的和相关的信息，而大量信息的存在可能超出捕食鱼的知觉和其他认知能力，导致捕食鱼很难确定自己的攻击目标。不仅如此，即便确定了攻击目标, 由于攻击目标周围依旧存在着很多相似的个体, 捕食鱼的注意力会被那些不断游动着的多个相似个体所分散, 很难集中精力攻击自己所选定的目标, 这实际上就是鱼的群体行为所带来的混乱效果。

在不存在捕食鱼的情况下, 杂聚群中鱼的个体按照 0.2 的模仿行为系数, 0.8 的碰撞回避行为系数而行为, 相对而言, 鱼群不容易分散, 鱼个体的能量消耗也较少, 关于这些, 已经在 11.2.1 节中进行了详细说明。类比于有序群的最优秩序性群体行为, 我们称杂聚群中鱼的个体以 0.2 的模仿行为系数和 0.8 的碰撞回避行为系数而进行的行为为最优无序性群体行为。因此, 对于杂聚群中的鱼, 当捕食鱼在被食鱼的危险反应区域之外时, 我们假定鱼群中的鱼遵循最优无序性群体行为的行为规则, 即每一条鱼以 0.2 的模仿行为系数, 0.8 的碰撞回避行为系数进行个体行为。当捕食鱼进入鱼的危险反应区域时, 鱼个体的模仿行为系数和碰撞回避行为系数的比例仍按照 2:8 进行配比, 这两种行为系数与逃生行为系数之和为 1, 鱼按照这样的行为比例采取紧急逃生行为。

在遭受捕食鱼的攻击时, 为了考察进行无序性群体行为的杂聚群所带来的鱼的群体逃生效果, 改变鱼的个体的逃生行为系数 γ_{ES}^{E}, 观察捕食鱼的成功捕食时间 τ_{cap} 的变化。模拟中捕食鱼的攻击方法与第 4 章中所描述的相同, 速度大小为 $3.0v_{av}$、一个时间步长可发生的方向变化的最大转换角度为 $13°$, 模拟的结果展示于图 11.4 中。

从图 11.4 中可以看出, 当杂聚群中的鱼个体的逃生行为系数 γ_{ES}^{E} 取值为 0.5 时, 捕食鱼的成功捕食时间 τ_{cap} 最长, 也就是被食鱼最难被捕食, 或者说在这种情况下, 被食鱼在杂聚群中能够获得最大程度的保护。

图 11.4 中以点线展示了一条被食鱼单独存在时捕食鱼的成功捕食时间 τ_{cap}。图中清楚地展示了捕食鱼攻击杂聚群的被食鱼时,

其成功捕食时间 τ_{cap} 的最大值比被食鱼单独存在时的 τ_{cap} 高约 4 倍。这说明,仅仅是聚集在一定空间范围内进行无序性群体行为的杂聚群也能在遭受捕食鱼攻击时形成有效的群体逃生行为,并以此保护到鱼群中的每一个个体。

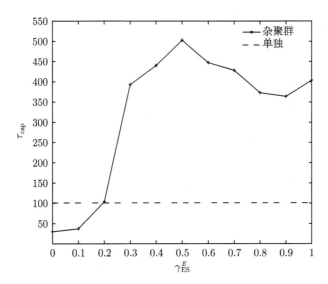

图 11.4 杂聚群中鱼的个体逃生行为系数 γ_{ES}^{E} 与捕食鱼成功捕食时间 τ_{cap} 之间的关系

11.3 有序群与杂聚群在群体逃生效果上的差异

在 10.1 节中,我们考察了进行秩序性群体行为的有序群在遭受捕食鱼攻击时,逃生行为系数 γ_{ES}^{E} 与捕食鱼成功捕食时间 τ_{cap} 之间的关系。为了比较杂聚群的无序性群体行为与有序群的秩序性群体行为带来的鱼群在群体逃生效率上的差异,将杂聚群和有序群的逃生行为系数 γ_{ES}^{E} 与捕食鱼的成功捕食时间 τ_{cap} 的关系呈现在一张图中 (图 11.5)。

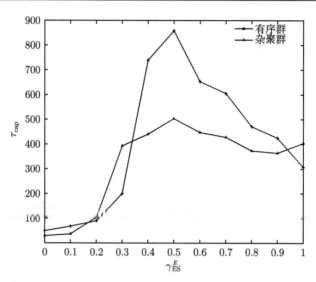

图 11.5　有序群和杂聚群中个体逃生行为系数 γ_{ES}^{E} 与捕食鱼成功捕食时间 τ_{cap} 的关系

　　图 11.5 清晰地告诉了我们，进行无序性群体行为的杂聚群和进行秩序性群体行为的有序群在捕食鱼的成功捕食时间 τ_{cap} 的最大值上存在显著差异。不仅如此，这一差异还具有一定的稳定性，即便将捕食鱼的攻击目标的选择范围从 $60°$ 改为 $180°$，模拟的结果仍然显示出相同的倾向。从捕食鱼的成功捕食时间 τ_{cap} 的最大值上存在显著差异可知，面对捕食鱼的攻击，比起进行无序性群体行为的杂聚群，进行秩序性群体行为的有序群具有更好的防御及逃生效果，也就是说当个体进行秩序性群体行为的有序群中时，能够获得更大程度的保护。进行秩序性群体行为的有序群和进行无序群体行为的杂聚群，其本质的区别在于群体行为的方向性，也就是鱼群中的成员是否进行并行游动，我们也因此将进行秩序性群体行为的鱼群对捕食鱼的防御效果定义为并行游动效果。下面，我们将关注鱼群中成员的并行游动如何产生多于混乱效果的防御和逃生效果。

11.4　并行游动可以产生好的防御和

逃生效果的原因

11.3 节的研究中我们揭示了在面对捕食鱼攻击时，比起进行无序性群体行为的杂聚群，进行秩序性群体行为的有序群具有更为强大的防御效果，而群中成为过捕食鱼攻击目标的鱼也因此而具有更高的逃生效率。对于独立行为的被食鱼个体，在遭遇到捕食鱼时，尽早逃离可以提高其生存的概率，但对于群体当中的被食鱼，鱼群的秩序性则与其能够得以逃生息息相关。为了明确其原因，我们有必要进行有序群和杂聚群在遭受捕食鱼攻击时，捕食鱼攻击目标的变换次数以及鱼群的维持状况的比较。通过这样的比较，我们获得可以更多的信息，以发现秩序性群体行为所拥有的优越性的内在原因。

11.4.1　单位时间内捕食鱼攻击目标的变换次数

在捕食鱼的捕食能力不变的情况下，单位时间内捕食鱼攻击目标变更的次数越多，说明捕食鱼越难锁定一个固定的攻击目标而进行攻击。因此，捕食鱼攻击目标的变更率可以作为被食鱼鱼群的防御和逃生效果的一个评价指标。为了方便比较，我们将捕食鱼攻击有序群和杂聚群时的目标变换率共同呈现在图 11.6 中。图中明确地展示了，比起进行无序性群体行为的杂聚群，进行秩序性群体行为的有序群可以带来更高的捕食鱼攻击目标的变更率。捕食鱼攻击目标的变更率直接反映了鱼群混乱效果的大小。

从这一结果可见，进行秩序性群体行为的有序群比杂聚群具有更高的群体逃生效率的主要原因是混乱效果的差异。从单独活动的鱼到进行无序性群体行为的杂聚群中的鱼，再到进行秩序性群体行为的有序群中的鱼，捕食鱼的成功捕食时间是依次增加的，捕食鱼的攻击目标变更率也是依次增加的。对于单独逃生的鱼，一旦成为捕食鱼的攻击目标，除非捕食鱼主动放弃追踪，捕食鱼的攻击目标变更率为 0 的原因是不言自明的，因为捕食鱼除了这一个目标，再无其他被食鱼可成为备选。

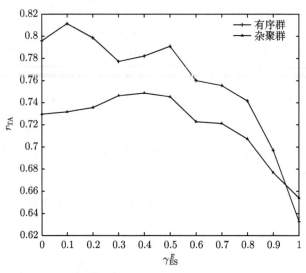

图 11.6   有序群和杂聚群中个体逃生行为系数与目标变换率的关系

11.4.2   攻击目标周围的鱼的密度差异

鱼群在遭受捕食鱼攻击时，鱼的空间分布状态会给鱼群的群体逃生行为及其结果带来重要的影响。与鱼的空间分布状态关系密切的变量是鱼的密度。被食鱼的密度越高，捕食鱼攻击目标的变更率也越高。

非常有趣的是，在不存在被捕食危险的情况下，对于有序群和杂聚群，当鱼的个体分别以最优模仿行为系数和碰撞回避行为系数的组合进行行为时，这两种鱼群在鱼的密度上几乎不存在任何差异。经过计算得知，无论是杂聚群还是有序群，从鱼群的中央位置到半径为 2BL 的圆形区域中鱼的数量均为 14 条左右。那么，在遭受捕食鱼攻击的情况下，进行秩序性群体行为的有序群和进行无序性群体行为的杂聚群，在鱼的密度上是否还能保持不变，使得这两类鱼群在鱼的密度上保持无差异呢？

由于感觉到危险的被攻击目标周围的鱼的平均数量对攻击目标的变更率有直接影响，加之我们要考察不同逃生行为系数对杂聚群和有序群的影响是否相同，我们计算了在一定范围内的逃生行为系数的条件下，感觉到危险的被攻击目标周围某一范围内单位时间的鱼的平均数量。关于逃生行为系数范围的选取，当 γ^E_{ES} 比 0.3 小时，被食鱼的逃生行为系数过小，几乎捕食鱼刚一开始攻击，成为攻击目标的被食鱼就马上被捕食，因此，逃生行为系数 γ^E_{ES} 只选取了从 0.3~1 的范围。只是在描画成功捕食时间、捕食率以及单位时间内攻击目标的变更次数时，逃生行为系数 γ^E_{ES} 从 0 开始。

从图 11.7 可知，进行秩序性群体行为的有序群中，成为被捕食鱼攻击目标的个体附近的鱼的密度高于杂聚群中成为被捕食鱼攻击目标的个体附近的鱼的密度。关于导致这一结果的原因，我们进行了以下的分析。杂聚群中的鱼，为了避免与周围的鱼发生碰撞，不得不侧重于碰撞回避行为，即便在不存在被捕食危险的情况下，也只能将 20% 的比例分配给维持鱼群而不使鱼群溃散的趋近行为。由于感觉到被捕食危险的鱼必须进行逃生行为，并且模仿行为、碰撞回避行为和逃生行为系数总和需满足为 1，因此一旦被食鱼感觉到被捕食的危险，其模仿行为的比例就会变得更小 ($\gamma^E_{ES} = 0.5$ 中 10% 的比例)，这样一来，成为被攻击目标的鱼周围的密度一定很低。如果鱼群是由按照这样的规则进行个体行为的鱼构成，比如按照 $\gamma_{AL} = 0.1$、$\gamma_{AV} = 0.9$ 的比例行为，那么在遭受捕食鱼攻击的情况下，鱼群的维持时间极其短暂，几乎一形成就面临分裂。

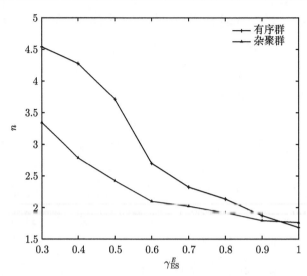

图 11.7　杂聚群和有序群中感知到危险的被攻击目标周围的鱼的数量

11.4.3　感觉到危险的被攻击目标的运动方向与理想逃离方向和周围鱼的运动方向的偏离

　　为了进一步分析杂聚群与有序群在遭受捕食鱼攻击时所表现出的对群中成员的保护功能的差异，我们还计算了这两种鱼群中被捕食鱼选定为攻击目标的被食鱼的实际运动方向与其理想运动方向的差异，以及成为攻击目标的鱼与其周围鱼的运动方向之间的差异。这两个变量一个衡量不考虑其他因素，而只考虑鱼独立行为时其实际运动方向是否接近理想运动方向，一个衡量攻击目标鱼的运动是否与群中其他鱼的运动方向保持一定的一致性。显然，感觉到危险的被攻击目标的运动方向与其理想逃离方向偏离越低，而与周围鱼的运动方向的偏离越高，说明已经不存在鱼群对鱼的保护和防御效果，鱼只是自顾自逃离捕食鱼的进攻；而感觉到危险的被攻击目标的运动方向与其理想逃离方向偏离越低，而与周围鱼的运动方向的偏离也越低，说明鱼既能与鱼群中的其他鱼一同采取逃生行为,从而享受鱼群对鱼的保护和防御效果,还能与自身的理想逃生行为方向基本保持一致;感觉到危险的被攻击目标的运动方向与其理想逃离方向偏离越高,而与周围鱼的运动方向的偏离越低,说明鱼能与鱼群中的其他鱼一同采取逃生行为,尽管其与自身的理想逃生行为方向偏差较大,但鉴于自身仍然处于鱼群当中,足可以享受到鱼群对其的保护和防御效果。

图 11.8 展示了有序群和杂聚群中被选定为攻击目标,并且已经感觉到危险的鱼的运动方向和理想逃离方向的偏离与逃生行为系数之间关系的差异。而图 11.9 则展示了成为攻击目标的鱼和其周围鱼的运动方向的偏离与逃生行为系数之间的关系。从这两个图可以看出,当捕食鱼展开攻击时,杂聚群中的被食鱼,一旦感觉到危险,与周围鱼的运动无关,几乎沿着接近其理想逃离的运动方向而逃离;而有序群中的被食鱼,即便感觉到危险,也会在兼顾其逃生行为的同时尽可能与周围鱼的运动方向保持一定的一致性。杂聚群中的鱼一旦被捕食鱼锁定为攻击目标,并且其自身也感觉到危险,马上开始沿着接近理想逃离方向的方向逃离。这样的行为看上去是有利的,但为了避免碰撞的发生,趋近行为则无法顾及,所导致的直接后果就是远离其他成员而孤立于群体,致使周围的鱼减少,捕食鱼的目标变换次数降低,使捕食鱼可以持续进攻直至捕食成功。被远远优越于自己的运动能力的捕食鱼所追踪,沿着理想逃离方向逃离的行为最初看上去是有利的,而这样的行为一旦持续一段时间,鱼就会远离鱼群,这反而不利,导致其很容易被捕食。而进行秩序性群体行为的鱼,即便采取逃生行为,也会与周围的鱼进行并行游动,不需要格外在意碰撞回避行为,或是不需要偏重碰撞回避行为,还可以与其他个体保持一定的距离。也就是有序群中的鱼即便采取逃生行为,也能和其他个体并行游动,从而保持其周围鱼的密度不下降,于是即便受到捕食鱼的攻击,可以使混乱效果保持在较高的水平,我们称这一效果为并行游动效果。

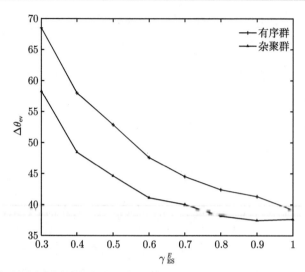

图 11.8　感觉到危险的被攻击目标的鱼的运动方向和理想逃离方向的偏离
与逃生行为系数之间的关系

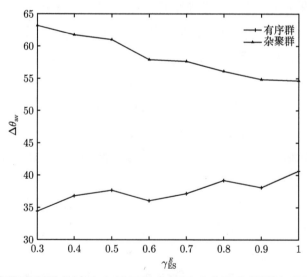

图 11.9　感觉到危险的被攻击目标的鱼的运动方向和周围鱼的运动方向的
偏离与逃生行为系数之间的关系

11.5　并行游动效果的全域性

11.4 节展示了进行秩序性群体行为的有序群在面对捕食鱼的攻击时具有并行游动效果，这也是杂聚群与有序群在面对捕食鱼攻击时的差异。本节将展示这个效果是一个鱼群中所有个体相互协同而产生的全域性效果，也就是那些不存在被捕食危险的鱼的行为，这也对鱼群整体的群体逃生行为有很大影响。

怎样才能研究秩序性群体行为产生并行游动效果的全域性？这里仍然可以很得意地告诉大家，我们做的是计算机模拟，可以通过模拟构建我们想构建的鱼群，即便这个鱼群在现实中并不存在。

第 1 章介绍了鱼的生活方式，有独居、有群居、有在不同时期采取独居和群居的。但现实当中，我们并没有见到这样的鱼群，鱼群中的一部分鱼进行秩序性群体行为，而其他鱼进行无序性群体行为。为了考察并行游动效果是否具有全域性，如图 11.10 所示，我们设计了一个局部进行秩序性群体行为的假想鱼群。在这个假想鱼群中，鱼分为两类，一类是感觉到被捕食危险的鱼，另一类是未感觉到被捕食危险的鱼。这两类鱼的行为构成是不同的，感觉到危险的鱼一边进行秩序性群体行为，一边进行逃生行为；而没有感觉到危险的鱼无序地杂聚在一起。通过考察假想鱼群是否与全部进行秩序性群体行为的有序群具有相同的逃生效率，我们可以考察并行游动效果是否具有全域性。

读到这里，读者应该能够更进一步地认识到计算机模拟这一手段的好处。在计算机模拟的世界里，我们可以随意操控现实世界中无法操控的变量来寻找事物的本质，探寻现象生成的机制。

局部进行秩序性群体行为的假想鱼群中鱼的个体的具体行为规则为：感觉到被捕食危险的鱼拥有 2BL 的并行区域，其进行模仿行为和碰撞回避行为的比例为 7:3。没有感觉到危险的鱼不存在并行区域, 其进行模仿行为和碰撞回避行为的比例为 2:8。

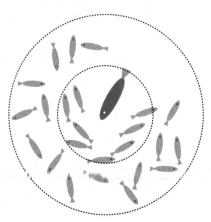

图 11.10　并行游动效果的全域性

　　这样一个奇妙的鱼群, 相当于那些意识到自己已经成为被攻击目标的鱼, 也同时意识到了自己所进行的无序性群体行为可能招致危险, 因而改变了自己的行为。那么, 这样一种局域性的改变带来了怎样的结果呢？

　　模拟的结果显示, 这样的假想鱼群在遭遇捕食鱼攻击时, 比起全体成员同时进行秩序性群体行为和逃生行为的有序群, 其中的鱼更早地被捕食。图 11.11 展示了当捕食鱼攻击局域进行秩序性群体行为的鱼群及全域进行秩序性群体行为的鱼群时的成功捕食时间 τ_{cap}。

　　如图 11.11 所示, 感觉到危险的鱼即便兼顾进行秩序性群体行为和逃生行为, 还是很快被捕食。为了考察群体秩序性, 我们计算了感觉到危险的并且成为被攻击目标的鱼的运动方向与周围鱼的运动方向是否有偏离, 并且通过模拟计算了成为被攻击目标且感觉到危险的鱼的周围鱼的运动方向的混乱程度。为了方便比较, 我们将局部进行秩序性群体行为的假想鱼群和群体成员边进行秩序性群体行为边进行逃生行为的鱼群的结果展示在一张图中。

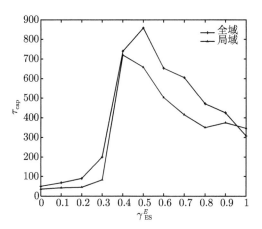

图 11.11 攻击局域进行秩序性群体行为的鱼群 (假想鱼群) 和全域进行秩序性群体行为的有序群的成功捕食时间 τ_{cap} 与逃生行为系数 γ_{ES}^{E} 的关系

从图 11.12 和图 11.13 中可知, 局域秩序性鱼群无法保持局部秩序性群体逃生行为, 其秩序性群体行为被该区域外未感觉到危险的鱼的行为所打乱。由此可知, 在鱼群中全域进行秩序性群体行为才可以进一步提高逃生效率。这一点对人类群体行为是一个非常好的借鉴。

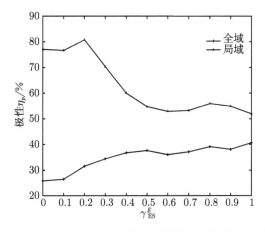

图 11.12 感觉到危险的被攻击目标的鱼周围的鱼的群体极性与逃生行为系数的关系

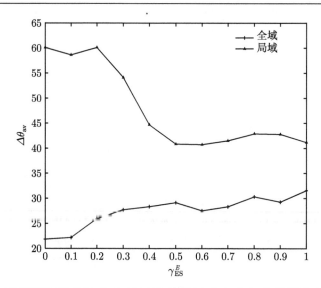

图 11.13　感觉到危险的被攻击目标的鱼的运动方向与其周围鱼的运动方向
的偏离与逃生行为系数的关系

11.6　鱼群中群体效果的层级性

　　面对捕食鱼的攻击, 通过进行群体逃生行为, 鱼的逃生效率可
得以提升。其中的核心因素有哪些? 从群体行为的水平而言, 迄今
为止有两个因素或者效果广为人知: ① 仅由多个个体集结在一起
的由庞大的数量而引起的稀释效果; ② 通过个体间相互作用, 即
便被打乱也能自发地集合起来的混乱效果。而我们的研究首次发现
了第三个效果, 即由秩序性群体行为所产生的并行游动效果。

　　我们认为鱼群在遭遇捕食鱼的攻击时, 稀释效果是最基本的保
护鱼群中个体的效果。简单清晰地解释稀释效果, 就是在某一个有
限的空间内存在多个个体, 从多个个体中选择一个或比全部个体总
数少的个体时, 随着全部个体数量的增加, 各个个体被选择的概率
会随之降低。鱼个体间即便不存在相互作用, 只要是多数个体集结
在一个有限的空间内, 就会有稀释效果产生。因此, 随着鱼群中鱼

的数量增加,特定的一条鱼被攻击的概率就会减小。

　　由个体数量所决定的稀释效果即便彼此间不存在相互作用,但只要它们集中在一个有限的空间就会生成,这一效果在捕食鱼最初选定一条鱼作为攻击目标的阶段时发挥作用。而由群体所产生的混乱效果是由于个体间存在相互作用,各个个体在保持群体行为的同时,通过自身的运动,使捕食鱼的感觉器官和认知出现混乱的动态效果。这一效果的作用在于即便群体当中的某一个个体被选定为攻击目标,仍可以通过混乱效果使攻击目标转移到其他个体,从而进一步降低被捕食率。

　　概括上述分析,在遭受捕食鱼攻击时,仅仅是进行群体行为的杂聚群,也会存在由个体的数量而带来的稀释效果和由个体间相互作用而带来的混乱效果。

　　秩序性群体行为被认为是处于作为群体保持动态秩序的鱼群进行群体行为的最高水平。与杂聚群不同,进行秩序性群体行为的有序群并不仅仅是由多个个体保持群体行为,而是通过相互作用使各成员间的行为保持高度相关,从而保持动态秩序性,这是秩序性群体行为的特征。遭受捕食鱼攻击时,由秩序性群体行为而产生的并行游动效果[34],使鱼在进行逃生行为的同时,能够做到不与其他鱼发生碰撞,并且可以与其他鱼保持近距离,如此一来,鱼群中的一条鱼,即便可能暂时性地成为捕食鱼的攻击目标,但由于其周围存在多条鱼,自己不再成为攻击目标的可能性会大大提高。从一般群体行为到秩序性群体行为,群体逃生效果由"稀释效果"和"混乱效果",到"并行游动效果",显现出了一个层级结构,图 11.14是此层级结构的示意图。尽管我们的模拟中并没有将捕食鱼的感觉能力做更加细致的调整,但我们知道,在同样方向行进的鱼之间选定一个攻击目标并进行追踪是多么困难的事情。因此,实际的鱼群中,秩序性群体行为的效果将更为强大。

　　根据我们的研究，当鱼群遭受捕食鱼攻击时，进行秩序性群体行为的鱼群除了拥有因鱼群中的鱼的数量所带来的稀释效果和混乱效果，还存在并行游动效果。我们完全有理由认为，作为群体逃生行为，秩序性群体行为是包含了上述三个效果的，从保护群体的角度而言的最优群体行为。

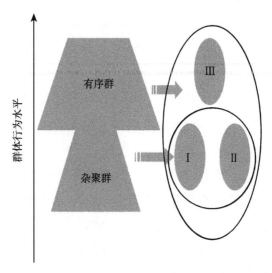

图 11.14　面对捕食鱼的攻击时鱼的群体逃生效果的层级结构

Ⅰ. 稀释效果；Ⅱ. 混乱效果；Ⅲ. 并行游动效果

第12章 异质鱼对群体逃生行为的影响

什么能够保证鱼群中的鱼都采取同样的行为，又是什么能保证鱼群中所有的鱼在外观、品种、大小和形状上几乎相同？一旦鱼群中有些我行我素的鱼，或者外观与其他个体不一致的鱼，会给鱼群带来怎样的后果？当然，不存在外界威胁时，或者没有捕食鱼存在时，尽可不关心此类问题，毕竟，鱼不及人类敏感，至少表面上看不需要考虑除生死存亡之外的其他因素。而一旦可能影响到生死存亡，又怎能忽略它们呢？

从个体的行为出发，我们得到了鱼进行最优秩序性群体行为的条件。鱼的群体行为的好坏优劣取决于组成鱼群的鱼的个体的行为比例。当组成鱼群的所有鱼的个体在基本行为构成比例上没有任何差异时，存在最优个体基本行为比例，在该比例下，整个鱼群的极性最优、碰撞次数最少、鱼群具有最高的静态稳定性和动态稳定性。这样的鱼群，在遇到捕食鱼的攻击时，也具有最高的群体逃生效率，可以最大限度地保护鱼群中的每一个个体。这样的鱼群无论从其常态的群体行为而言，还是在遭遇捕食鱼攻击的情况下的群体逃生行为而言，都是理想的群体行为。

尽管如上所述，鱼的最优秩序性群体行为和最优群体逃生行为基于个体之间的相互作用，并且所有个体之间的基本行为比例完全相同，但我们并不清楚，它们在怎样的程度上依赖于个体的均质性。当鱼群中并非所有个体都按照同样的基本行为比例行为时，比如说鱼群中出现了在行为上与众不同、我行我素的个体时，或者当鱼群中出现了在外观上与众不同的个体时，是否会影响鱼群的秩序性群体行为？换言之，这样的秩序性群体行为是否对构成群体个体的同质性有着极高的要求？

当鱼群中出现了在外观或者行为上异常的个体时，当这样的"怪异的"鱼在鱼群中的比例发生变化时，鱼群的秩序性群体行为和群体逃生行为、逃生效率会发生怎样的改变？对这些问题进行研究可以对鱼群的群体逃生行为有更深入的了解，也可以通过对均质鱼群和混有不同个体的鱼的群体行为之间的比较，考察鱼个体行为的均质性对秩序性群体行为的重要性。为了后续介绍和讨论的方便，我们称这样的鱼群为"异质鱼群"，而称这样的鱼的个体为异质鱼。

为了较为系统地研究异质鱼对鱼的群体行为以及群体逃生行为的影响，我们考虑两类异质鱼。第一类是指其所采取的逃生战术与其他鱼不同的鱼，我们称为行为异质鱼；第二类是在体色和形状等外观上与其他鱼不同的鱼，我们称为外观异质鱼。行为异质鱼的导入是为了考察鱼群内部个体在行为上的非一致性对鱼的最优群体逃生行为的影响。这种情况下，捕食鱼在最初选择攻击目标时并不能觉察出鱼个体之间的差异，因此，如果对群体逃生行为产生影响，也是在后续攻击目标的追踪及攻击目标变化上的影响。外观异质鱼的导入则是为了考察当鱼群中出现了更容易被捕食鱼觉察而被确定为攻击目标的个体时，在最优群体逃生行为的产生上有怎样的变化。

模拟中尝试性地采用了以下参数：捕食鱼的攻击为低速中度转换，鱼个体的逃离转向为 $30°$，危险区域半径是 2.5BL。为方便讨论，我们将鱼群中异质鱼之外的其他鱼称为常规鱼，并且常规鱼的逃生行为、模仿行为和碰撞回避行为的比例均采用鱼群全部由同质鱼构成时的最优比例 $\gamma_{\text{ES}}^{E} = 0.50$、$\gamma_{\text{AL}}^{E} = 0.35$、$\gamma_{\text{AV}}^{E} = 0.15$。

12.1 混有行为异质鱼时的群体逃生行为

通过对遭受捕食鱼攻击时的鱼的群体逃生行为进行模拟,我们已经发现,鱼的个体要适当抑制逃生行为,并侧重于秩序性群体的维持行为,才能生成最优群体逃生行为。需要注意的是,这部分模拟基于所有鱼的个体具有相同的基本行为比例。那么,当鱼群中出现个别之鱼,或者不明就里,或者我行我素,或者自私自利,当遭受捕食鱼攻击时,一味地偏重于逃生行为,对群体逃生行为会有影响吗?采用了"个别"一词,是想强调仅仅是少数鱼在行为上不与鱼群中的其他鱼一致的情况。胆小之鱼,或者行为上自私自利之鱼,在行为上有怎样的特点?在通常不面临生死攸关的情况下,其行为与其他个体无异。一旦遭遇捕食鱼的攻击,胆小之鱼或自私自利之鱼的行为中,逃生行为就会成为其行为的核心或主要部分。无论是鱼群还是其他动物群体,甚至是人类群体,总会有这样的个体。因此,我们决定将其作为异质鱼的行为模式进行研究。

为了不至于在计算机模拟上花掉太长的时间,将鱼群中鱼的个体数量设置为 30,而所考察的是当鱼群中混有不同比例的行为异质鱼时,在遭受捕食鱼攻击的情况下,鱼的群体逃生行为发生怎样的变化。行为异质鱼的逃生行为、模仿行为和碰撞回避行为的比例分别是 $\gamma_{\mathrm{ES}}^{E} = 0.80$、$\gamma_{\mathrm{AL}}^{E} = 0.14$、$\gamma_{\mathrm{AV}}^{E} = 0.06$。与常规鱼在遭受捕食鱼攻击时生成最优群体逃生行为的系数进行对比,可以发现,我们所引入的行为异质鱼过度重视基本行为中的逃生行为,即便对群体行为的维持具有重要作用的模仿行为和碰撞回避行为的比例已经在去除逃生行为之后尽可能地调整,但这两种行为的行为系数之和也远小于逃生行为。不难看出,与常规鱼相比,这类异质鱼更加"胆小""自私"并且"任性"。它们在感受到被捕食的危险时,将极小的行为比例分配给关注鱼群中其他成员的行为,而更多的行为比例分配给了逃生行为, 更多地关注捕食鱼, 关注自己如何可以迅速远离捕食鱼, 也因此自顾自地以逃离捕食鱼为要务。

这里, 大家需要回忆前面介绍的两个事实, 第一, 当被食鱼为孤身一人, 也就是没有其他同伴时, 如果遭遇到捕食鱼的攻击, 鱼需要采取的行为只有逃生行为, 显然, 这样的行为是别无选择的, 也是最为合理的。至少存在这样的可能性, 通过誓死一逃, 可能会使捕食鱼在追逐过程中因感觉到捕食的难度而放弃追击。尽管从捕食鱼和被食鱼之间身体条件的差异来看, 这样的可能性很小, 但至少存在这样的可能。第二, 当鱼群中所有的鱼在遭遇捕食鱼的攻击时做到既能兼顾逃生行为, 又能兼顾模仿行为和碰撞回避行为, 就可以最大限度地发挥群体的优点, 保护到群体中的每一个个体, 惠及自己, 利及他鱼。

那么当鱼群中存在自私自利的少数鱼时, 会与上面所描述的情形有怎样的不同? 这是一个非常有趣而值得深入研究的问题。

12.1.1   自私自利的个体带给群体逃生行为的影响

如图 10.1 所示, 如果鱼群中所有成员均按照最优行为比例 $\gamma_{ES}^E = 0.5$、$\gamma_{AL}^E = 0.35$、$\gamma_{AV}^E = 0.15$ 进行逃生行为、模仿行为和碰撞回避行为, 并且按照 $\theta = 30°$ 的逃离方向逃离, 从第 11 章的介绍中我们可以知道, 捕食鱼的成功捕食时间 τ_{cap} 显著增加, 捕食鱼的捕食率也达到最低。这样的鱼群中, 一旦混杂有基本行为的分配比例不同于常规鱼的异质鱼, 对鱼群的群体逃生行为会带来怎样的影响?

为了回答这一问题, 我们将行为异质鱼在每一单位时间上的逃生方向设定为与常规鱼的逃离方向相同, 即 $\theta = 30°$, 而其逃生行为、模仿行为和碰撞回避行为的比例分别设定为 $\gamma_{ES}^E = 0.80$、$\gamma_{AL}^E = 0.14$、$\gamma_{AV}^E = 0.06$。显然, 这样的行为比例系数赋予了该鱼不同于常规鱼的行为。我们对放入了行为异质鱼的鱼群进行计算机模拟, 以

发现异质鱼对最优群体逃生行为带来的影响, 换句话说就是鱼群中
个体行为的非均质性对最优群体逃生行为带来的影响, 并进一步验
证鱼群中个体行为对群体行为的重要性。

　　不仅如此, 我们还考察了不同数量的行为异质鱼混杂于鱼群中
时, 对群体行为所产生的不同影响。由 30 条常规鱼组成的鱼群中,
分别以从 1 条到 15 条不等的行为异质鱼替代相同数量的常规鱼,
以保证鱼群中鱼的个体总数保持不变。在遭受捕食鱼攻击的情况
下, 计算从捕食鱼开始攻击到第一条鱼被捕获的时间 τ_{cap}、捕食率
ρ_{cap} 以及第一条异质鱼和第一条常规鱼被捕获的比例。

　　图 12.1 中行为异质鱼比例的变动范围为 $0 \sim 50\%$, 其反映的
是在鱼群中依次放入从 1 条到 15 条不等的行为异质鱼时, 捕食鱼
的成功捕食时间的变化。在不同的行为异质鱼的比例下, 计算捕食
鱼成功捕食时间 τ_{cap}, 得到行为异质鱼比例与 τ_{cap} 之间的关系曲
线。由曲线可知, 随着行为异质鱼比例的增加, 捕食鱼成功捕食时
间几乎是单调缩短的。这意味着即便在一个可以形成最优群体逃生
行为的鱼群 (常规鱼的基本行为比例采用了可生成最优群体逃生行
为的个体基本行为比例) 中放入行为异质鱼, 也会导致其群体逃生
行为偏离最优群体逃生行为, 且随着行为异质鱼比例的增加, 偏离
程度加大。由图可知, 当鱼群中不存在行为异质鱼时, 捕食鱼的成
功捕食时间为 860 个左右时间步长, 随着异质鱼数量或者比例的
增加, 成功捕食时间迅速缩短, 当有 3 条行为异质鱼时, 时间就已
经降低到 780 左右, 当鱼群中有一半鱼为行为异质鱼时, 成功捕食
时间缩短至 600 以下。

　　捕食鱼成功捕食时间的缩短说明行为异质鱼的混入缩短了从
捕食鱼开始攻击到捕获第一条被食鱼的时间, 而后续的追踪以及捕
食会有怎样的变化, 则需要进一步考察捕食率的变化。

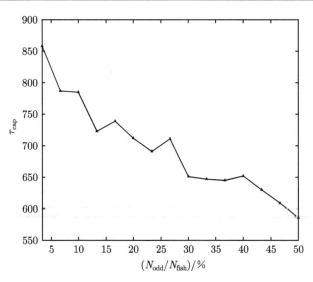

图 12.1　行为异质鱼比例对成功捕食时间 τ_{cap} 的影响

图 12.2 展示了随着行为异质鱼比例的增加，捕食鱼的捕食率 ρ_{cap} 的变化情况。为了明确地表达捕食率 ρ_{cap} 的变化，采用 1000 个时间步长为每一次模拟的时间上限，并计算在这一模拟时间范围内捕食率 ρ_{cap} 的变化情况。随着行为异质鱼比例的增加，捕食率接近单调增加。由于捕食率的增加是基于被食鱼的鱼群整体而言的，因此，从鱼群的逃生效率而言，行为异质鱼的混入降低了鱼群整体的逃生效率。当然，从捕食鱼的角度而言，则是提升了捕食成功率。显然，从被食鱼的逃生效率随行为异质鱼在鱼群中的比例变化可知，由以最优基本行为比例行为的个体鱼组成的鱼群，其逃生效率最高，一旦有行为异质鱼混入，最优群体逃生行为就会遭到破坏，并且行为异质鱼的比例越高，群体逃生效率越低。这是因为越多的行为异质鱼的存在，行为异质鱼成为捕食鱼攻击对象的比例增加，而一旦这一比例增加，目标变换也就减少，群体对被食鱼的保护也就随之降低。

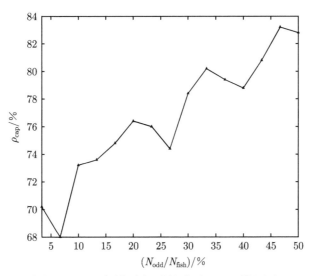

图 12.2　行为异质鱼对捕食率 ρ_{cap} 的影响

　　至此,关于行为异质鱼对进行最优群体逃生行为的秩序性鱼群的影响,我们得到的结论似乎没有什么可大惊小怪的,甚至可以说有些中规中矩。这个结论就是,鱼群中鱼的个体在行为规则上的一致性很重要,一旦有鱼的个体在行为上标新立异,整个群体的逃生效率就会降低,并且随着这样的鱼的比例增加,状况会越发糟糕。到现在,我们已经回答了前面问及的第一个问题。

　　此时,我相信读者的脑海中会有另外一个问题浮现出来,那就是当产生最优群体行为的鱼群中混入了那些自私自利的、偏重于逃生行为的行为异质鱼时,被吃掉的是它们自己,还是那些坚持最优行为比例的常规鱼?这是一个绝对需要关注的问题。自私自利的行为破坏了整个群体的利益已经非常明确,但这样的行为会保住该个体的利益,还是会令其咎由自取?

　　为了回答这个问题,我们分别计算了常规鱼和行为异质鱼的捕食率与异质鱼占鱼群中个体总数之比的关系。

　　图 12.3 给出了考虑了常规鱼及异质鱼的数量对常规鱼的捕食率 $(N_{\mathrm{stand}}^{\mathrm{cap}}/N_{\mathrm{stand}})$ 以及对行为异质鱼的捕食率 $(N_{\mathrm{odd}}^{\mathrm{cap}}/N_{\mathrm{odd}})$ 与行为

异质鱼在鱼群中的比例之间的关系。从图中可见，与行为异质鱼相比，对常规鱼的捕食率更低。这样的结论是否让读者感觉有些意外？重视逃生行为的鱼反倒更容易被捕食，看来这些自私自利的鱼终究是咎由自取了。为什么会有这样的结果呢？通过模拟，我们知道行为异质鱼一旦被捕食鱼选定为攻击目标，由于其过度重视逃生行为，很容易与其他成员脱离，而与其他成员脱离的后果就是失去了鱼群对它的保护，由于和捕食鱼相比，强弱有别，最终被捕食也就不足为奇了。这里要说明的是，捕食鱼在选择攻击目标时，采用了与均质鱼群相同的目标选择方法，因此，并没有因为行为异质鱼的行为异常而增加其成为攻击目标的概率。

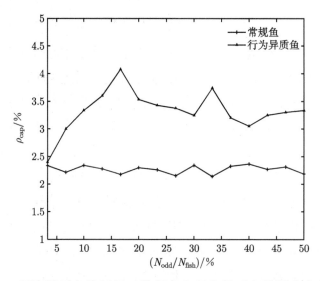

图 12.3　行为异质鱼比例与对常规鱼和行为异质鱼的捕食率的关系

　　从图中还可以看出，对于由 30 条鱼组成的鱼群，当行为异质鱼的比例由少及多直到增加到 15% 时，捕食率也随之增加，而其后即便行为异质鱼的比例进一步增加，捕食率也基本没有太大的变化，而是在一个数值上下波动。这可能是因为当鱼群中行为异质鱼的比例极小时，其成为捕食鱼攻击目标的可能性较低，而一旦比例增加，就会提升它们成为攻击目标的可能性，也因此而增加了捕食率。但行为异质鱼成为攻击目标并被成功捕食之后，很可能是因其过度重视逃生行为之举导致的，因此，往往也导致了捕食鱼因追击远离鱼群的行为异质鱼，而增加了其在完成一次捕食后再次返回鱼群的难度，也就增加了后续捕食的难度。因此，即便行为异质鱼的比例进一步增加，捕食率也基本维持在一个水平而上下波动。

当然，图中也传递了另外一个信息，行为异质鱼的混入不仅害己，也殃及了其他鱼。

12.1.2 有行为异质鱼混入的鱼群的最优群体逃生行为

前面的研究已经发现，当行为异质鱼混杂在常规鱼群中时，导致鱼群中的鱼容易被捕食。祸由行为异质鱼所起，行为异质鱼也因此付出了代价，其被捕食率要高于常规鱼的被捕食率。然而，对于常规鱼而言，却因为行为异质鱼的"任性"而被裹挟，使自己的被捕食率高于无行为异质鱼混入的情况，用"无辜"来形容常规鱼的处境绝不为过。当然，鱼群中的每一条鱼是不具备拒绝行为异质鱼混入的能力的，也就是说在没有遭到捕食鱼攻击时，鱼群中的行为异质鱼与常规鱼的行为无异，无法使其从鱼群中分离出来，常规鱼所能做的事情就只有调整自己的行为，以降低自己被捕食的风险。那么常规鱼该怎样调整自己的行为比例才能生成在现有条件下的最优行为比例呢？

这样的鱼群，通过常规鱼对逃生战术进行调整，是否能够生成最优群体逃生行为，如果能，与不存在异质鱼的情况相比，常规鱼的逃生行为、模仿行为和碰撞回避行为这三种行为的比例需要做怎样的调整？为了研究这一问题，我们将 15 条偏重逃生行为的行为异质鱼放入鱼群，使鱼群中鱼的数量为 30(包括行为异质鱼在内)，并进行了计算机模拟。

如图 12.4 所示,鱼个体的逃生行为系数为 $\gamma_{ES}^{E} = 0.5$ 时,捕食鱼的成功捕食时间 τ_{cap} 达到峰值。同样状况下,鱼群内全部成员都是常规鱼时,生成最优群体逃生行为的鱼的个体逃生行为系数也需要满足条件 $\gamma_{ES}^{E} = 0.5$。这表明,即便混杂了行为异质鱼,为生成最优群体逃生行为,常规鱼的逃生行为系数与其在无异质鱼混杂的鱼群中时相同。即便半数的鱼自私自利,因为有以最优群体行为比例而进行个体行为的鱼做掩护,仍然可以最大限度地保护到鱼群中的个体。

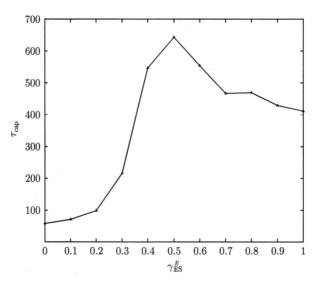

图 12.4　行为异质鱼混在的鱼群的最优逃生战术

当逃生行为系数 γ_{ES}^{E} 大于 0.7 时,常规鱼与行为异质鱼在行为上的差异变小。即便如此,也与不存在行为异质鱼时的群体逃生行为不同,捕食鱼的成功捕食时间 τ_{cap} 并没有出现急剧缩短,而是平缓地趋近一个数值。这说明,除却最优行为比例,当存在行为异质鱼时,常规鱼采取与均质鱼群中个体相同的逃生战术对群全体更加有利。

12.2　外观异质鱼的破坏性力量

外观异质鱼是指仅在体色、身长等外观上与常规鱼不同,而基本行为构成与常规鱼无异的鱼。当捕食鱼攻击鱼群时,外观异质鱼的存在会为鱼群内的其他鱼以及捕食鱼的捕食带来怎样的影响?实际上,尽管被食鱼在形成鱼群时,多由外观一致的个体而形成,但也存在偶有外观不一致的鱼混杂的情况。

为了后续的计算机模拟,我们需要先分析当鱼群中混入外观异质鱼时,会为整个鱼群及捕食鱼的捕食行为带来怎样的变化。对捕食鱼而言,在众多体色、身长几乎完全相同的被食鱼中,一旦出现了体色、身长与众不同的外观异质鱼,该鱼会变得格外醒目。根据 Treisman[44] 的注意理论可以得知,外观异质鱼会因为与其他个体不具备共同的外观特征而非常容易成为捕食鱼的注意焦点。这样的鱼成为视觉目标的难易程度与组成鱼群的个体数量没有关系,或者说无论是由多少鱼的个体组成的鱼群,捕食鱼都可以迅速地在鱼群中发现那只与众不同的外观异质鱼。当然,发现归发现,即便外观异质鱼被捕食鱼迅速确定为攻击目标,捕食鱼是否能够顺利地将其捕食,还要看捕食鱼的目标变换率,也就是是否存在其他对捕食鱼的注意形成干扰的因素,影响到捕食鱼对外观异质鱼的持续追踪和攻击。除此之外,还有一个问题需要关注,就是捕食鱼对外观异质鱼攻击的过程会对鱼群的整体带来怎样的影响。

Laurie Laudeau 等[38] 将 1 条染成蓝色的鲦鱼放进了 8 条银色的鲦鱼群中,并观察对蓝色敏感的鲈鱼的捕食行为。他们发现染了蓝色的鲦鱼被捕食的概率远远大于银色鲦鱼。这个实验研究尽管操作简单,但给了我们很好的实验依据,外观上与众不同的鱼容易引起捕食鱼的注意,并且容易被持续攻击直至被捕食。但这样的实验研究很难系统性地考察外观异质鱼混杂于鱼群时对鱼群整体产生的影响，也几乎无法考察为生成最优群体逃生行为的个体的回避行为战术产生的影响。为了考察上述影响，我们对捕食鱼的行为模型进行了扩展，通过计算机模拟，获得了捕食鱼及被食鱼群的行为数据。为了方便大家了解计算机模拟是在怎样的条件下进行的，以及我们对模型进行了怎样的扩展，特进行如下说明。外观异质鱼的行为与常规鱼完全相同，因此，其基本行为的类型及比例与常规鱼完全相同。但如前所述，有足够的理论依据和实验证据表明外观异质鱼更容易引起捕食鱼的注意，为了反映这个现象，在计算机模拟中进行了以下设定：一旦外观异质鱼成为捕食鱼的攻击对象，其可以被持续追踪的时间长于常规鱼，至少可以被持续追踪 5 个时间步长。这样的设定其实是在表达一个事实，外观异质鱼通过引起捕食鱼的捕食行为变化，而给自己或者鱼群中的其他鱼带来影响。尽管实验研究中已经发现外观异质鱼的存在会为自己引来杀身之祸，但该实验中所采用的鱼群规模很小，仅由 9 条鱼组成。因此，我们通过计算机模拟来考察外观异质鱼混杂于鱼群中时，所引发的捕食鱼对其的注意加强是否仅影响到其自身？

12.2.1　对可产生最优群体逃生行为的鱼群的影响

为了考察对可产生最优群体逃生行为的鱼群的影响，以鱼群的成员全部按照 $\gamma_{\mathrm{ES}}^E = 0.5$、$\gamma_{\mathrm{AL}}^E = 0.35$、$\gamma_{\mathrm{AV}}^E = 0.15$ 的行为比例，$\theta = 30°$ 的逃离方向行为的均质常规鱼的鱼群为基础，鱼群的规模限定为由 30 条鱼的个体组成，将异质鱼从 1 ～ 15 条依次放入鱼群，并保持鱼群规模不变，进行计算机模拟。与前面各部分相同，计算捕食鱼的成功捕食时间 τ_{cap}、捕食率以及分别对常规鱼和外观异质鱼的捕食率。

图 12.5 的横轴是外观异质鱼占所有鱼总数的比例，纵轴是捕食鱼的成功捕食时间 τ_{cap}。由于计算机模拟中外观异质鱼的数量从 1~15 依次变化，因此，外观异质鱼的比例也在 0 ～ 50% 变动。图

12.5 中清晰地展示了外观异质鱼的比例在 0 ~ 50% 变动时，捕食鱼成功捕食时间 τ_{cap} 的变化情况。从图中可以看出，当鱼群中存在外观异质鱼时，捕食鱼的成功捕食时间 τ_{cap} 比起鱼群中全部成员以最优行为系数行为时的成功捕食时间 τ_{cap} 显著缩短。无外观异质鱼时的捕食鱼成功捕食时间为 800~900 时间步长，而仅放入 1 条外观异质鱼，就会使成功捕食时间缩短为 500~600 时间步长。从图中还可以看出，随着外观异质鱼比例的增加，捕食鱼成功捕食时间 τ_{cap} 并非单调下降。在外观异质鱼的比例为 0~20% 时，随着异质鱼比例的增加，捕食鱼的成功捕食时间 τ_{cap} 急剧下降，从 840 左右降至 330 左右。这不仅说明了鱼群中混有与众不同的外观异质鱼时，鱼更容易被捕获，而且说明当外观异质鱼的比例小于 20% 时，一旦遭到捕食鱼的攻击，散在鱼群中的外观异质鱼可导致鱼群容易被破坏。不过，当外观异质鱼的比例超过 20% 时，时间 τ_{cap} 就不再继续下降，基本保持不变。这是因为当外观异质鱼比例增加到一定程度时，破坏了捕食鱼对少数外观异质鱼追踪的效果，仅有 1 条或少数几条外观异质鱼存在时的突出效果就会消失。

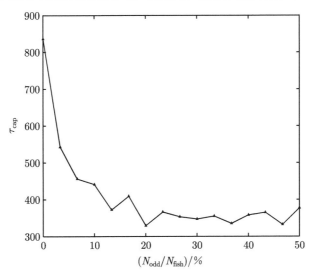

图 12.5　外观异质鱼的比例对捕食鱼成功捕食时间 τ_{cap} 的影响

　　除了捕食鱼的成功捕食时间，我们还计算了捕食鱼的捕食率。图 12.6 展示了随着外观异质鱼的比例变化，捕食鱼的捕食率 ρ_{cap} 的变化情况。随着外观异质鱼比例的增加，捕食鱼的捕食率也增加，并且其结果与图 12.5 形成了很好的呼应。当外观异质鱼的比例在 20% 以下时，捕食鱼的捕食率 ρ_{cap} 急剧增加，而当外观异质鱼的比例达到 20% 以上时，捕食率 ρ_{cap} 基本维持该数值而不再发生显著变化。

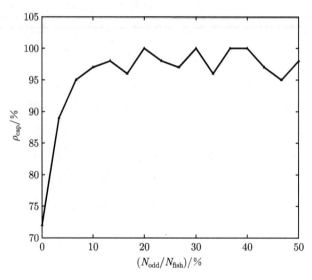

图 12.6   外观异质鱼比例对捕食率 ρ_{cap} 的影响

　　无论是成功捕食时间还是捕食率都表明当鱼群中混有外观异质鱼时，大大降低了鱼群对鱼的个体的保护能力。我们还期望回答的问题是这一影响是只祸及自身，还是殃及他人。图 12.7 中给出了外观异质鱼比例与考虑了常规鱼及异质鱼数量对常规鱼的捕食率 ($N_{\mathrm{stand}}^{\mathrm{cap}}/N_{\mathrm{stand}}$) 以及对外观异质鱼的捕食率 ($N_{\mathrm{odd}}^{\mathrm{cap}}/N_{\mathrm{odd}}$) 之间的关系。从总体上看来，在整个比例范围内，即外观异质鱼占比为 0~50% 时，对外观异质鱼的捕食率远远高于对常规鱼的捕食率。尤其在有少量外观异质鱼混入的情况下 (比例低于 20% 时)，对外观异质鱼捕食率高于 15%。从图中还可看出,随着外观异质鱼比例的增加,单从混乱效果上而言,对外观异质鱼的捕食率就会降低。对常规鱼的捕食率与对外观异质鱼的捕食率形成了鲜明的对比,仅当外观异质鱼比例非常低时 (≤10%),对常规鱼的捕食率略高,其余情况下基本保持不变,也就是未过多受外观异质鱼存在的影响。

综合上述三个图所展示的结果可知,如果鱼群中混杂有体色和形状等外观与众不同的异质鱼时,由于外观异质鱼更容易引起捕食鱼的注意,这使捕食鱼的成功捕食时间显著降低,捕食率显著增加。当外观异质鱼的数量很少时,其与众不同的外观不仅让自己更易被捕食,而且也带来了对常规鱼捕食率的轻微增加。

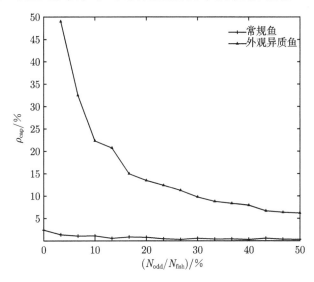

图 12.7 外观异质鱼比例与考虑了常规鱼及异质鱼数量对常规鱼和外观异质鱼的捕食率 ρ_{cap} 之间的关系

12.2.2 混杂有外观异质鱼时鱼群的最优群体逃生行为

通过计算机模拟研究可以发现,比起均质鱼群,有外观异质鱼混杂的鱼群中的鱼更容易被捕食。外观异质鱼更易引起捕食鱼的注意这样一个不利因素，是否可以由包括异质鱼在内的所有鱼的个体所采取的行为而得以补偿？换言之，这样的鱼群是否能够靠个体基本行为比例的调整而形成最优群体逃生行为？如果能够形成，个体的三种基本行为的比例与均质鱼构成的鱼群相比会有怎样的变化？为了考察这些问题，我们将 5 条外观异质鱼放进了包含异质鱼在内共 30 条鱼的鱼群中，改变鱼的个体的基本行为比例，进行计算机模拟。

　　观察图 12.8 可知，对于混有 5 条外观异质鱼、共有 30 条鱼的鱼群，为生成最优群体逃生行为，鱼个体的逃生行为系数需要调整为 $\gamma_{\mathrm{ES}}^E = 0.4$。通过前面章节的介绍，我们已经知道，对于由不存在任何异质鱼的鱼群，为生成最优群体逃生行为，鱼个体的逃生行为系数为 $\gamma_{\mathrm{ES}}^E = 0.5$。显然，对于存在外观异质鱼的鱼群而言，为生成最优群体逃生行为，个体需要减小逃生行为系数。逃生行为系数的降低相当于模仿行为和碰撞回避行为系数的增加。我认为，这可能是因为鱼群中混杂有外观异质鱼时，一旦外观异质鱼成为捕食鱼的攻击对象，该鱼就会被持续追踪，如果逃生行为的指数较高，会容易引起鱼群的溃散，为了减少这样的情况带来的群溃散效果，需要减少逃生行为系数，而增加模仿行为的比例。

　　当然，即便可以通过个体的基本行为比例调节而生成最优群体逃生行为，但是图 12.8 中捕食鱼的成功捕食时间低于 400 时间步长，比起均质鱼组成的鱼群，成功捕食时间被大大缩短了。至于在逃生行为系数较低的情况下，捕食鱼的成功捕食时间与最长成功捕食时间之间的较大差异，那是由于鱼所采取的逃生行为系数较低，但又会被持续追踪所直接导致的。

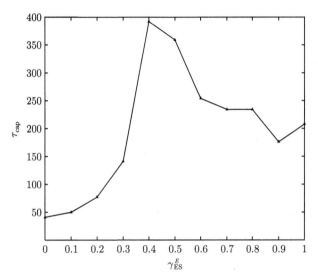

图 12.8 外观异质鱼混杂的鱼群的最优逃生战术

第三部分结语

　　这部分研究揭示了当面对捕食鱼的攻击时，鱼群常常保持高极性的秩序性群体行为以逃离捕食鱼的攻击的原因。截至 2005 年我们提出并行游动效果 [34]，还没有研究对遭遇捕食鱼攻击时进行秩序性群体行为的鱼群使鱼的个体及鱼群更利于逃离捕食鱼的攻击给出机理上的解释。尽管有过一些关于鱼群的实验研究，但也并非观察秩序性群体行为的鱼群，而主要是对水槽中数量较少的鱼群进行观察，鱼群中鱼的个体数量基本在 10 条左右。我们分别研究了鱼群遭受捕食鱼攻击的情况下，进行秩序性群体行为的有序群与在运动方向上毫无规律的杂聚群的群体逃生行为。进行秩序性群体行为的有序群在面对捕食鱼的攻击时，具有远远高于杂聚群的群体逃生效率。这个差异是由杂聚群中并不存在高极性群体中鱼所进行的并行行为引起的。这个并行游动效果效果并非仅仅由感觉到危险的少数鱼在逃生行为中同时关注并行行为而产生的局域性效果，而是鱼群全体进行秩序性群体行为而产生的全域性效果。全域性效果的成因是鱼群中所有鱼的行为，它会通过相互作用而传达到群整体的特征。利用计算机模拟的优势所创造的杂聚群以及仅在捕食鱼周围进行秩序性群体行为而其他区域为杂聚群的假想鱼群，是得到上述结论的关键。除此之外，当鱼群中存在行为异常的个体，或者体色、形状等外观上与其他鱼不同的个体时，鱼群的群体逃生效率降低。主要体现在捕食鱼成功捕食时间的缩短以及一段时间内捕食率的增加。无论是鱼本身的行为异常，还是因被食鱼的外观与众不同而导致的捕食鱼的注意增强，其结果都是破坏了鱼群的秩序性，也因此而使群不再是每一个个体的最佳随行庇护所。

参 考 文 献

[1] 高松史郎. 魚にきいた魚の話—その知恵と行動の神秘 (カッパ・サイエンス), 光文社，1981.

[2] Potts W K. The chorus-line hypothesis of manoeuvre coordination in avian flocks. Nature, 1984, 309: 344-345.

[3] Portugal S J, Hubel T Y, Fritz J, et al. Upwash exploitation and downwash avoidance by flap phasing in ibis formation flight. Nature, 2014, 505: 399-402.

[4] William B, Andrea C, Irene G, et al. Statistical mechanics for natural flocks of birds. Proceedings of the National Academy of Sciences of the United States of America, 2012, 109(13): 4786-4791.

[5] ジャック T. モイヤー/中村宏志: さかなの街—社会行動と産卵生態. 東海大学出版会, 1994: 240-253.

[6] Parr A E. A contribution to the theoretical analysis of the schooling behavior of fishes, Occas. Papers Bingham Oceanogr. Coll., 1927, 1: 1-32.

[7] Partridge B L. The structure and function of fish schools. Sci. Am, 1982, 246: 90-99.

[8] Neill S R StJ, Cullen J M. Experiments on whether schooling by their prey affects the hunting behavior of ceephalopod and fish predator. J. Zool., Lond., 1974, 172: 549-569.

[9] Breder Jr C M. On the survival value of fish school. Zoologica, 1967, 52: 25-40.

[10] Shaw M E. Group Dynamics: The Psychology of Small Group Behavior. New York: McGraw-Hill, 1981.

[11] Pitcher T J, Wyche C J. Predator-avoidance behaviors of sand-eel schools: Why schools seldom split//Noakes D L G. Predators and Prey in Fishes. The Hague: Jank Publishers, 1983: 193-204.

[12] Partridge B L. Internal dynamics and the interrelations of fish in school. J. Comp. Physiol., 1981, 144: 315-325.

[13] Inagaki T, Sakamoto W, Kuroki T. Studies on the schooling behavior of fish-II mathematical modeling of schooling form depending on the intensity of mutual force between individuals. Bull. Japan. Soc. Sci. Fish, 1976, 42: 265-270.

[14] Matsuda K, Sannomiya N. Computer simulation of fish behavior in relation to fishing gear-I mathematical model of fish behavior. Bull. Japan. Soc. Sci. Fish, 1980, 46: 689-697.

[15] Matsuda K, Sannomiya N. Computer simulation of fish behavior in relation to a trap model. Bull. Japan. Soc. Sci. Fish, 1985, 51: 33-39.

[16] Okubo A. Dynamical aspects of animal grouping: Swarms, schools, flocks, and herds. Adv. Biophys, 1986, 22: 1-94.

[17] Niwa H. Self-organizing dynamic model of fish schooling. J. Theor. Biol., 1994, 171: 123-136.

[18] Niwa H. Newtonian dynamical approach to fish schooling. J. Theor. Biol., 1996, 181: 47-63.

[19] Tian Y J, Sannomiya N. An aggregated model for the behavior of fish school with many individuals. Trans. Soc. Instru. Cont. Eng, 1995, 31: 299-301.

[20] Aoki I. An analysis of the schooling behavior of fish: Internal organization and communication process. Bull. Ocean. Res. Inst. Univ. Tokyo, 1980, 12: 1-65.

[21] Aoki I. A simulation study on the schooling mechanism in fish. Bull. Japan. Soc. Sci. Fish, 1982, 48: 1081-1088.

[22] Huth A, Wissel C. The simulation of the movement of fish schools. J. Theor. Biol., 1992, 156: 365-385.

[23] Huth A, Wissel C. The simulation of fish schools in comparison with experimental data. Ecol. Modell, 1994, 75/76: 135-145.

[24] Reuter H, Breckling B. Self-organization of fish schools: an object-oriented model. Ecol. Modell, 1994, 75/76: 147-159.

[25] Romey W L. Individual differences make a difference in the trajectories of simulated schools of fish. Ecol. Modell, 1996, 92: 65-77.

[26] Narita Y, Kashimori Y, Sasaki N, et al. Computer simulation of emergence of group intelligence in fish school//Amari S, et al. Progress in Neural Information Processing, Hong Kong: Springer, 1996, 2: 900-905.

[27] Hattori K, Narita Y, Kashimori Y, et al. Self-organized critical behavior of fish school and emergence of group intelligence//Gedeon T, et al. Proc. of 6th Int. Conf. on Neural Information Processing. IEEE Service Center, Piscataway,

NJ, 1999, 2: 465-470.

[28] Zheng M H, Kashimori Y, Hoshino O, et al. Effectiveness of allelomimesis of individuals in dynamical response of fish school to emergent affairs. IPSJ Transaction on Mathematical Modeling and Its Applications, 2001, 42(14(TOM 5)): 134-149.

[29] Salzman C D, Newsome W T. Neural mechanisms for forming a perceptual decision. Science, 1994, 264: 231-237.

[30] Eaton R C, Emberley D S. How stimulus direction determines the trajectory of the mauthner-initiated escape response in a teleost fish. J. Exp. Biol., 1991, 161: 469-487.

[31] Foreman M B, Eaton R C. The direction change concept for reticulospinal control of goldfish escape. J. Neurosci., 1993, 13(10): 4101-4113.

[32] Partridge B L, Pitcher T J. The sensory basis of fish schools: Relative roles of lateral line and vision. J. Comp. Physiol. A, 1980, 135: 315-325.

[33] Hall S J, Wardle C S, MacLennan D N. Predator evasion in a fish school: Test of a model for the fountain effect. Marine Biology, 1986, 91: 143-148.

[34] Zheng M, Kashimori Y, Fujita H O, et al. Behavior pattern (innate action) of individuals in fish schools generating efficient collective evasion from predation. J. Theor. Biol., 2005, 235: 153-167.

[35] Bak P, Tang C, Wiesenfeld K. Self-organized criticality. Phys. Rev. A, 1988, 38: 364-374.

[36] Bak P. Self-organized criticality. Sci. Am., 1991, 264: 26-33.

[37] Pitcher T J, Parrish J K. Behaviour of Teleost Fishes. Chapman & Hall.ISBN, 1993: 363-427.

[38] Landeau L, Terborgh J. Oddity and the 'confusion effect' in predation. Anim. Behav., 1986, 34: 1372-80.

[39] R. McNeill Alexander (著), 東昭 (訳): 生物と運動—バイオメカニックスの探究, 日経サイエンス社, 1992: 182-206.

[40] Major P F. Predator - prey interactions in shoaling fishes during periods of twilight: A study of the silverside Pranesus insularum in Hawaii. Fish. Bull., 1976, 75: 415-426.

[41] Major P F. Predator - prey interactions in two schooling fishes,Caranx igno-
      bilis and Stolephorus purpureas. Anim. Behav, 1978, 26: 760-777.

[42] Nursall J R. Some behavioral interactions of spottail shiners (Notropis hud-
      sonius), yellow perch (Perca flavescens), and northern pike (Esox lucius). J.
      Fish. Res. Board Can., 1973, 30: 1161-1178.

[43] 山岸宏: 行動の生物学, 講談社, 1981.

[44] Treisman A. Perceptual grouping and attention in visual search features and
      for objects. J. Exp. Psyc.: Human Perception and Performance, 1982, 8(2):
      194-214.

后 记

　　本书原计划由两大部分组成，一部分是鱼的秩序性群体行为的计算机模拟研究，另一部分是关于人的秩序性群体行为的分析，最后我还是把后一部分藏了起来，而成了现在这个样子。我之所以把关于人类群体的秩序性群体行为的分析那部分内容暂时封存，是觉得没有经过对人类个体行为的建模并进行计算机模拟，仅仅是分析，仅仅是与鱼的秩序性群体行为进行比较，总觉得不够有趣。也许在我能够抽出时间完成这部分工作时，我会把鱼和人，鱼群和人类群体同时呈现在一本书里，在比较中发现二者之间的共性，在比较中完善对二者个性的认识。

　　任何一个作品，无论是学术作品还是艺术作品，总是先有框架，再有内容，而最后总是希望能有一个点睛之笔。关于秩序性群体行为，什么才是它的点睛之笔？我一直深信秩序性群体行为是诸多领域（包括物理学、动物学、社会学、人类学、心理学等）的学者所关注的兴趣点。人的个体远远复杂于鱼的个体，其所形成的群体行为一定与其个体的复杂程度相关吗？无论答案是"是"或"否"，对人类群体行为的研究显然更加富有挑战，当然也更富有意义。我想来自各领域的读者，如果能从本书中获得些许启发，引起大家对人类群体中的一些问题进行再思考、再认识，便是各位读者代我完成的最理想的点睛之笔了。